普通高等学校设施农业科学与工程专业规划教材

设施农业工程实践案例解析

李建明　主编

化学工业出版社

·北京·

内容简介

《设施农业工程实践案例解析》教材按照设施农业工程建造、设施设备安装、设施作物育苗技术、作物栽培管理、环境调控、温室智能管理系统等相关方面，收集了21个实际发生的作业案例，对每个工程案例进行了描述和视频录制，并对其知识点进行了分析，对每个案例的工程设计原理和施工过程的科学性、工程建设的经济性、实用性能进行了评价，为设施农业科学与工程专业的专科生、本科生、硕士研究生、参与设施农业工程的作业人员，在掌握设施园艺工程实践中的施工与设计作业方面提供学习参考，以协助学生提高实际作业能力和理论与实践相结合的理解能力。

《设施农业工程实践案例解析》可作为高等院校设施农业科学与工程、园艺、农业工程相关专业师生的教材，也可作为从事农业工程领域的科研、管理人员的参考用书。

图书在版编目（CIP）数据

设施农业工程实践案例解析/李建明主编. —北京：化学工业出版社，2021.10

普通高等学校设施农业科学与工程专业规划教材

ISBN 978-7-122-39510-8

Ⅰ. ①设…　Ⅱ. ①李…　Ⅲ. ①设施农业-农业工程-案例-高等学校-教材　Ⅳ. ①S62

中国版本图书馆 CIP 数据核字（2021）第 132418 号

责任编辑：尤彩霞　　装帧设计：关　飞

责任校对：李雨晴

出版发行：化学工业出版社（北京市东城区青年湖南街 13 号　邮政编码 100011）

印　　装：北京七彩京通数码快印有限公司

710mm×1000mm　1/16　印张 10¾　字数 211 千字　2021 年 10 月北京第 1 版第 1 次印刷

购书咨询：010-64518888　　售后服务：010-64518899

网　　址：http：//www.cip.com.cn

凡购买本书，如有缺损质量问题，本社销售中心负责调换。

定　　价：58.00 元

《设施农业工程实践案例解析》编写人员名单

主　　编： 李建明　西北农林科技大学

副 主 编： 胡晓辉　西北农林科技大学

束　胜　南京农业大学

曹晏飞　西北农林科技大学

刘　涛　沈阳农业大学

参加编写人员（按姓氏汉语拼音排序）：

杜清洁　河南农业大学

胡艺馨　西北农林科技大学

刘厚诚　华南农业大学

刘　洋　太原工业学院

宋　磊　西北农林科技大学

王　浩　西北农林科技大学

肖金鑫　西北农林科技大学

张　毅　山西农业大学

周　洁　西北农林科技大学

前言

案例解析是一门新型课程教学方法，主要目的是通过对现实发生的设施农业工程建设过程的语言描述及视频播放，让读者掌握施工过程中的关键技术；通过对案例实施的原理性解释和分析，说明工程设计的科学性，设计的思路与方法，工程实施过程的合理性、安全性、经济性的科学依据。案例教学中的教学材料直观可信，可以使读者快速掌握工程理论与实际操作方法，是未来现实教学的重要方法，与单独的理论教学相比较，更容易使学生从理论上和实践操作方面掌握核心知识。

设施农业是农业现代化的代表，是综合利用先进的设施设备和先进的生产技术，人为地创造动植物生长发育所需要的最佳环境条件，最大限度地提高土地产出率、资源利用率、劳动生产率和产品商品率，从而获得最佳经济效益、生态效益和社会效益的一种生产方式。设施农业工程技术是推动农业现代化、生产机械化的重要措施，应用前景广阔。设施农业工程技术主要包括园艺设施技术、设施环境工程技术、设施园艺作物生产与信息化管理技术等内容，这些工程技术不论是理论还是实践操作技术均是在不断创新和发展中，更新速度非常快。但是国内外相关案例库建设在我国尚属空白。目前，农艺与种业专业专科生、本科生、硕士研究生每年数量不断增加，选修设施园艺工程课程的学生人数占本专业人数的90%以上，农学、园艺、植保等专业的学生，均需要掌握设施园艺工程技术。随着知识迭代和科技创新步伐的加快，设施园艺工程学的教学内容与教学方式已经发生了巨大变化。在教学过程中，可以利用案例库弥补设施园艺学教学空间与时间限制及教学样本不足的缺陷；在设施园艺工程案例库建设中，可以利用近两年刚刚兴起的现实技术与虚拟现实技术，将实践性的技术以虚拟现实的方式体现，这样既可以节省实践教学的成本，还可以实现传统教学无法实现的内容。总之无论是内容还是形式，案例库的建设始终是一个持续变化的动态过程，如何科学、系统地开发建设设施园艺学案例库还有很长的路要走，但随着更多新知识和新技术的出现，必将推动设施园艺工程案例库的建设更好地向前发展。案例库应用前景广阔，应用价值高。

《设施农业工程实践案例解析》全书共21个案例，由西北农林科技大学园艺学院李建明教授领衔编写完成，涉及设施建造、设备安装、设施育苗技术、温室智能系统等各个方面，力求将设施园艺工程实践中的新设施、新技术呈现给广大读者。书中所列举的案例来源于西北农林科技大学、杨凌农科实业发展有限公司、杨凌鸿腾农业科技开发有限公司、宁夏元杰新能源有限公司、石家庄高鹏农业科技有限公司、青州中阳温室工程有限公司、杨凌现代农业创新园等建设工程案例。在书稿编写过程中，西北农林科技大学曹晏飞、肖金鑫、宋磊完成了案例一、二、三、四的撰写；山西农业大学张毅和华南农业大学刘厚诚完成了案例五、六、七、八的撰写；沈阳农业大学刘涛完成了案例九、十、十一、十二的撰写；南京农业大学束胜完成了案例十三、十四、十五、十六、十七的撰写；河南农业大学杜清洁完成了案例十八的撰写；西北农林科技大学李建明、王浩、周洁、胡晓辉、胡艺馨和太原工业学院刘洋完成了第十九到第二十一个案例的撰写。

由于编者知识、能力和水平有限，疏漏之处在所难免，敬请读者批评指正。

李建明

2021年5月

目录

案例一

温室施工放线与基础施工案例解析

施工放线是建筑施工的开路先锋，是施工必不可少的重要一环。它贯穿于整个施工过程之中，是质量控制和技术指导的有效手段。放线质量的好坏，将直接影响到建筑尺寸和位置的准确性。一名优秀的测量人员，不仅需要掌握放线的基本知识和技能，而且必须具有认真负责、主动工作、勤勤恳恳的奉献精神和一丝不苟、实事求是的科学态度。温室建造放线是施工的定位工程，其定位精准与否对于整个园区建设尤为关键。

一、案例陈述

杨凌智慧农业示范园是结合陕西“3＋X”农业工程，以“国内领先，国际一流”为目标建设的农业示范园区，集成创新了国内外先进的设施农业新品种、新技术、新装备、新模式，按照“一心、五区”（“一心”指阳光智慧服务中心，“五区”即智慧农业展示区、高效农业产业化示范区、智能冷链物流区、生态肥研发区、休闲农业康养区）总体规划建设，打造上海合作组织农业技术示范实训基地，搭建国际农业技术交流合作平台，形成可复制的“杨凌农科”现代农业推广模式，助推“一带一路”现代农业发展。本案例以园区建造的24m大跨度对称保温大棚实际对象进行分析说明（图1-1）。

（一）温室施工放线

温室施工放线的任务是确定墙体砌筑的位置或者基础施工要求基槽开挖的位置。在开始施工放线之前，需要将温室建设场地平整、清除杂物。

在温室总平面施工图中，新建温室定位有根据与已有建筑物的关系定位、根据建筑方格网和建筑基线定位、根据建筑红线定位和根据测量控制点坐标定位4种方法。不论是哪种表示方法，坐标的引出点即是施工测量的起始点，从这一点可以确定坐标网格的（0，0）点（或是方格网坐标系中的某个结点）和高程系统的起始点，这是全部工程施工最原始的基准点。温室施工将从这里开始。

图 1-1 24m 大跨度对称保温塑料大棚

图 1-2 温室施工测量

施工测量的第一步是将坐标基准点引入到施工场地中温室的定位点，即确定温室中定位点的坐标位置及其高程，在施工测量上称为“场地定位”。引入基准点的方法比较多，一般用全站仪、经纬仪和水准仪测量，条件受限的情况下也可以用钢尺来完成。本案例中保温塑料大棚的基准点引入、施工放线、标高复测、基础施工等测量过程均是采用全站仪完成（图 1-2）。

（二）温室基础施工

地基为支承基础的土体或岩体。基础是将结构所承受的各种作用传递到地基上的结构组成部分。基础是否合理将直接影响温室结构的安全和使用性能。一般基础设计内容包括基础材料、基础类型、基础埋深、基础地面尺寸以及满足一定的基础构造措施要求。

温室基础主要以独立基础和条形基础为主。其中在本案例中保温塑料大棚室内立柱采用独立基础（图 1-3），四周采用条形基础（图 1-4）。条形基础除承受上部结构传来的荷载外，还起着围护和保温作用。条形基础的材料可根据当地情况因地制宜，一般常用砖、毛石、混凝土等。需要注意的是，基础中的预埋件，需要利用水准仪进行逐个调平，以保证所有预埋件在同一水平面上。

二、案例解析

（一）基本概念

建筑放线是指按照施工图纸的位置、尺寸、开间、进深等在建筑场地进行放

图 1-3　混凝土独立基础支模

图 1-4　条形基础混凝土圈梁支模

大、测量、定点、定线。

全站型电子速测仪简称全站仪，是由电子经纬仪、光电测距仪和微处理器组成的一种新型测量仪器，包含水平角测量系统、竖直角测量系统、水平补偿系统和测距系统。全站仪可以完成几乎所有的常规测量工作，现已应用于控制测量、地形测量、工程测量等测量工作中。

建筑红线是城市规划部门所测设的城市道路规划用地与单位用地的界址线，限制建筑物边界位置的线，其中确定这条红线的两个桩点称为建筑红线桩。有了桩点及红线，放线人员就可以根据它来测定建筑物的位置，即测出建筑物的控制轴线或建筑物本身的主轴线。

建筑物主轴线是指控制建筑物整体形状的起定位作用的轴线，是基础放样和细部放样的依据。

水准基点是由国家测绘部门测定的，它是由混凝土浇灌成一个墩，在墩上埋有一个半球形金属球面，球面顶部高程即为墩上标志的绝对标高值。新建筑的±0.000m 标高所用的绝对标高值，就根据该水准基点引进去加以确定。

光电测距是以光波作为载波，通过测定光电波在测线两端点间往返传播的时间来测量距离。与传统的钢尺量距方法相比，具有测程远、精度高、作业速度快和受地形限制少等特点。按照其采用的光源可分为激光测距仪和红外测距仪。

建筑物的定位，就是将建筑物外廓各轴线交点测设在地面上，然后再根据这些点进行细部放样。

施工放样是将图纸上设计好的建筑物在地面上标定出来，其基本工作就是距离、角度和高度的放样。

（二）全站仪的使用方法及注意事项

1. 全站仪的使用方法

全站仪可在一个测站上同时实现水平角、垂直角和边长测量多项功能，并能储存一定数量的观测数据，使用方法包括以下几个步骤。

（1）电池安装

测量时需将电池装上方可使用，测量前应先检查电池的充电情况，避免由于电池原因影响作业的进度。

（2）安置仪器

① 在测量场地上选择一点作为测站点，另外一点或两点作为后视点。

② 将全站仪安置于测站点，进行对中、整平。

③ 在后视点上分别安置棱镜，进行后视。

（3）设置作业及参数

仪器对中、整平以后，应根据项目的情况设置作业，当作业和参数设置完成后，才能进行相应任务的作业。

（4）选择对应程序

根据作业任务选择对应程序，按程序步骤开始测量。

2. 全站仪使用注意事项

① 开始工作前，检查仪器箱的肩带和手柄是否牢固。开箱取出仪器时，应将仪器箱放置水平，并记住仪器的安放位置，一手握住提手，一手握住基座取出，不要握住人机界面的下部。

② 安置仪器尽可能采用木制三脚架，以防使用其他金属脚架可能会导致振动并影响观测精度。

③ 避免仪器长时间处于高温环境，在夏天观测时应打伞，防止阳光直射仪器，影响仪器使用寿命，更不能使望远镜对准太阳。

④ 仪器测距时，眼睛要离开目镜，以防激光伤眼。

⑤ 在潮湿、雨天环境使用仪器后，使用软布擦干仪器表面的水分和灰尘并包装完好，回办公室后立即将仪器从箱子中拿出，通风干燥后再次装箱。当冬季室内外的温差较大时，仪器移出房间或进入房间时，应在一段时间后才能打开包装。

⑥ 长途搬运仪器务必装箱，并要提供合适的减震措施，以防仪器受到突然振动。

⑦ 防止仪器或棱镜受到温度的急剧变化影响测程，棱镜在不使用时应放在安全的地方。

⑧ 不许用手去摸或用普通纸去擦拭镜头，镜头表面脏时先用干净的刷子擦拭，然后用干净的绒棉布沾酒精轻轻擦拭。

⑨ 关闭电源时，应确认仪器处于主菜单模式或角度测量模式下。

（三）放线前的准备工作

施工放线的任务是具体确定墙体砌筑的位置或基础施工要求基槽开挖的位置。温室要确定建设的方位角、温室间距。在放线之前还有以下几项工作需要准备：

(1) 熟悉及审核所要施工温室的所有图纸

设计图纸是施工测量的主要依据，一栋温室除了建筑图纸、结构图纸之外，还有暖通图纸、设备图纸、电气图纸等，以及配合这些图纸的一些标准图纸、图集。其中，从建筑总平面图上可以查明拟建温室与原有温室的平面位置和高程关系；从建筑平面图上查明温室的总尺寸和内部各定位轴线的尺寸关系；从基础平面图上可以查明基础边线与定位轴线的关系尺寸；从基础剖面图上可以查明基础立面尺寸、设计标高以及基础边线与定位轴线的尺寸关系。审核图纸主要开展4个方面的工作：①尺寸的核对；②构造是否合理；③查对有无遗漏尺寸；④发现图上不明之处。

(2) 现场踏勘与施工场地平整

了解现场的地物、地貌和原有测量控制点的分布情况，并调查与施工测量有关的问题。校核温室建筑场地上的平面控制点、水准点。利用地形图按照设计要求平整施工现场，并清理干净。

(3) 确定测设方案

方案主要包括：是否进行控制测量和控制点的加密、使用的测量仪器及配套设施、建筑物平面定位的方法和高程测设的方法、轴线引测方法及控制桩的保护方法、主体施工过程中投测的方法和高程传递的方法、施工测量的人员安排、定位用的标志，以及各项测量工作的时间安排。

(4) 准备测设数据

测设数据包括根据测设方法的需要而进行的计算数据和绘制测设略图。

(四) 温室定位与放线

1. 温室定位注意事项

温室定位是将温室外廓各轴线交点测设在地面上。在温室定位过程中应注意以下几点。

① 温室定位时一般测设温室的4个主点，俗称“四大角”，其位置应根据温室的形状进行选择；

② 温室定位时需要的原始数据应在施工图纸的总平面图中查取；

③ 总平面图中标注的坐标是指温室外墙角的坐标，而不是外轮廓的轴线交点坐标。核对图纸和计算测设数据时应注意这一差别。

2. 温室施工放线

建筑物放线是根据已定位的角点桩（建筑物外墙主轴线交点桩）及建筑物平面图，详细测设出建筑物各轴线交点的位置，并用木桩（桩上钉小钉）标定出来，该木桩称为交点桩（或称中心桩）。

① 在角点桩上按照经纬仪或全站仪，根据建筑平面图，定位出各中心桩的位置，并据此按基础宽和放坡宽用白灰线撒出基槽开挖边界线。

② 由于开挖基槽时角桩和中心桩都要被挖掉，为了便于在施工中恢复各轴线的位置，一般把轴线延长到安全地点，并做好标志。其中延长轴线可通过设置龙门板或轴线控制桩来实现。一般轴线控制桩设置在基槽外基础轴线的延长线上，控制桩离基槽外边线的距离应根据施工场地的条件而定，一般处在离基槽外边 2.000～4.000m 不受施工干扰并便于引测的地方。

（五）温室基础施工测量

1. 基础开挖边线放线

一般温室基础深度不超过 2m，多数采用人工挖土或小型挖土机挖土。在基础开挖之前，按照基础详图上的基槽宽度再加上上口放坡的尺寸，由中心桩向两边各量出相应尺寸，并作出标记；然后在基槽两端的标记之间拉一细线，沿着细线在地面用白灰撒出基槽边线，施工时就按此灰线进行开挖。

2. 基槽与基坑找平

为了控制基槽与基坑开挖深度，当基槽与基坑开挖接近设计基底标高时，用水准仪根据地面上±0.000m 标高线在槽壁上测设一些水平桩，水平桩标高比设计槽底提高 0.500m，一般在槽壁上自拐角处每隔 3～4m 测设一水平桩，并沿桩顶面拉直线绳作为清理基底和打基础垫层、绑扎钢筋、支模板等的依据。

3. 垫层中线测设

基础垫层打好后，根据轴线控制桩，用经纬仪把轴线投测到垫层上，并用墨线弹出墙体轴线和基础边线，以便施工。绑扎钢筋、支模板等以此轴线为准，这是施工的关键，所以要严格校核后才可进行施工。

4. 基础标高控制

基础墙中心轴线投在垫层后，用水准仪检测各墙角垫层面标高，符合要求后即可开始基础墙（±0.000m 以下的墙）的砌筑。基础墙的高度是用基础“皮数杆”控制的。皮数杆用一根木杆制成，在杆上按照设计尺寸将砖和灰缝的厚度，分皮一一画出，每五皮砖注上皮数（基础皮数杆的层数从±0.000m 向下注记），并标明±0.000m、防潮层和需要预留洞口的标高位置等。

基础施工结束后，应检查基础面的标高是否符合设计要求（也可检查防潮层）。可用水准仪测出基础面上若干点的高程和设计高程比较，允许误差为±10mm。

（六）温室基础埋深

基础埋深是指设计室外地坪到基础地面的距离。根据基础埋置深度的不同，基础分为浅基础和深基础。一般情况下，基础埋深不超过 5m 时叫浅基础；超过 5m 时叫深基础。一般除岩石地基外，基础埋深不宜小于 0.5m。

一般情况下，影响基础埋置深度因素主要包括三个方面：

① 土层结构情况，一般在满足地基稳定和变形要求的前提下，基础应尽量浅

埋，当上层地基的承载力大于下层土时，宜利用上层土作持力层。

② 地下水位情况，一般基础宜埋置在地下水位以上；当必须埋在地下水位以下时，应采取措施保证地基土在施工时不受扰动。

③ 冻土层深度情况，温室外围护墙面的基础埋深应在常年冻土层以下，当冻土层深度较深（大于 1.50m）时，为节约投资，可将基础埋深设计在冻土层以上 10～20cm；对于室内柱基或墙基，一般应考虑温室冬季运行时，室内不会出现冻土；基础埋深可不受冻土层深度的影响，主要应考虑不影响室内作物耕作和满足地基持力层的要求，一般可埋设在地面以下 0.80～1.00m 深度。

（七）温室基槽开挖

① 土方开挖前，调查原有图纸，摸清地下构筑物、电缆及地下管网，制定好现场场地平整、沟槽开挖方案。根据施工方案将施工区域内的地下、地上障碍物清除和处理完毕。

② 建筑物或构筑物的位置或场地的定位控制线（桩）、标准水平桩及开槽的灰线尺寸，必须经过检验合格，并办完预检手续。

③ 夜间施工时，应有足够的照明设施；在危险地段应设置明显标志，并要合理安排开挖顺序，防止错挖或超挖。

④ 开挖地下水位高的基坑槽、管沟时，应根据当地工程地质资料，采取措施降低地下水位。一般要降至开挖面以下 0.5m，然后才能开挖。

⑤ 施工机械进入现场所经过的道路、桥梁和卸车设施等，应事先经过检查，必要时要进行加固或加宽等准备工作。

⑥ 选择土方机械，应根据施工区域的地形与作业条件、土壤的类别与厚度、总工程量和工期综合考虑，以能发挥施工机械的效率来确定，编好施工方案。

⑦ 施工区域运行路线的布置，应根据作业区域工程的大小、机械性能、运距和地形起伏等情况加以确定。

⑧ 若在开挖过程中，发现与地质勘探报告不一致或不良地质情况，及时与设计、勘探单位联系，并制定相应解决方案。

注意事项：

① 土方开挖一般不宜在雨季进行，否则工作面不宜过大，应逐段、逐片分期完成。

② 雨季施工在开挖基坑（槽）时，应注意边坡稳定。必要时可适当放缓边坡坡度，或设置支撑。同时应在坑（槽）外侧围以土堤或开挖水沟，防止地面水流入。经常对边坡、支撑、土堤进行检查，发现问题要及时处理。

③ 土方开挖不宜在冬季施工；如必须在冬季施工时，其施工方法应按冬季施工方案进行。

④ 冬季采用防止冻结法开挖土方时，可在冻结以前用保温材料覆盖或将表层

土翻耕耙松，其翻耕深度应根据当地气温条件确定，一般不小于30cm。

⑤ 冬季施工在开挖基坑（槽）时，必须防止基础下基土受冻。应在基底标高以上预留适当厚度的松土，或用其他保温材料覆盖。如遇开挖土方引起邻近建筑物或构筑物的地基和基础暴露时，应采取防冻措施，以防产生冻结破坏。

三、思考题

1. 什么是建筑定位？建筑定位的方法有哪些？
2. 基础深埋的定义和类型以及影响基础埋置深度的因素是什么？
3. 基槽开挖过程中应该注意哪些要点？

四、本案例课程思政教学点

教学内容	思政元素	育人成效
施工放线	职业道德、工匠精神	引导学生了解施工放线要有严谨踏实的工匠精神和职业道德，施工放线将直接影响到后期的施工效果，不能有一丝的马虎和大意

五、参考文献

[1] 周长吉．温室工程设计手册［M］．北京：中国农业出版社，2007.

[2] 邹志荣，周长吉．温室建筑与结构［M］．北京：中国农业出版社，2012.

[3] 马承伟．农业设施设计与建造［M］．北京：中国农业出版社，2008.

[4] 张勇，邹志荣．温室建造工程工艺学［M］．北京：化学工业出版社，2015.

[5] 张天柱．温室工程规划、设计与建设［M］．北京：中国轻工业出版社，2009.

[6] 马小林．建筑施工测量［M］．成都：西南交通大学出版社，2016.

[7] 汤敏捷，曾梦炜，胡细华．建筑施工测量［M］．北京：北京理工大学出版社，2015.

大跨度塑料大棚基础案例

主讲人：曹晏飞

单位：西北农林科技大学园艺学院

案例二

日光温室墙体建造施工案例

日光温室作为一种具有中国特色的温室形式，与其他温室类型相比，它具有低成本的良好越冬生产性能，很好地解决了我国北方地区冬季新鲜蔬菜的生产问题，是我国重要的农业设施，是国民菜篮子的保障工程。日光温室墙体作为温室的围护结构之一，其所具备的保温蓄热性能是日光温室进行蔬菜越冬生产的关键。日光温室墙体的主要形式包括土墙、砖墙和其他材料墙体三种类型，其中土墙和砖墙最为常见。

一、案例陈述

选用陕西省渭南市蒲城县紫荆街道办贾曲高效农业园区 14m 跨土墙日光温室为案例，日光温室施工时间为 2019 年 9～11 月份，由蒲城县紫荆街道办负责施工运营。本案例主要针对温室墙体设计与建造施工等相关方面的知识进行解析，让读者可以更好地学习日光温室的施工建造。

（一）日光温室北墙

1. 日光温室基本尺寸

北墙是日光温室重要组成部分，具有蓄热、保温、隔热的功能。本案例中土墙日光温室坐北朝南（图 2-1），其中北墙材料为土壤，土墙可就地取土筑成，保温蓄热效果好，但是占地面积大。温室整体下沉深度 0.500m，脊高 6.000m（脊高是指地面到屋脊的高度，图 2-1 中显示的 6.5m 是指室内地面到屋脊的高度，室内地面比地面低 0.5m，所以脊高此处是 6.0m），室内净跨 14.000m，土墙高 5.000m，土墙底部宽 6.000m，顶部宽 1.500m。

2. 日光温室土墙施工

土墙施工，以前干打垒的施工工艺比较多，现在用得最多的是机打土墙的方式，即用挖掘机、链轨式推土机进行机械化建造。本案例日光温室土墙建造过程中，采用 1 台挖掘机和 1 台链轨拖拉机配合作业。墙体施工放线时，墙基放线

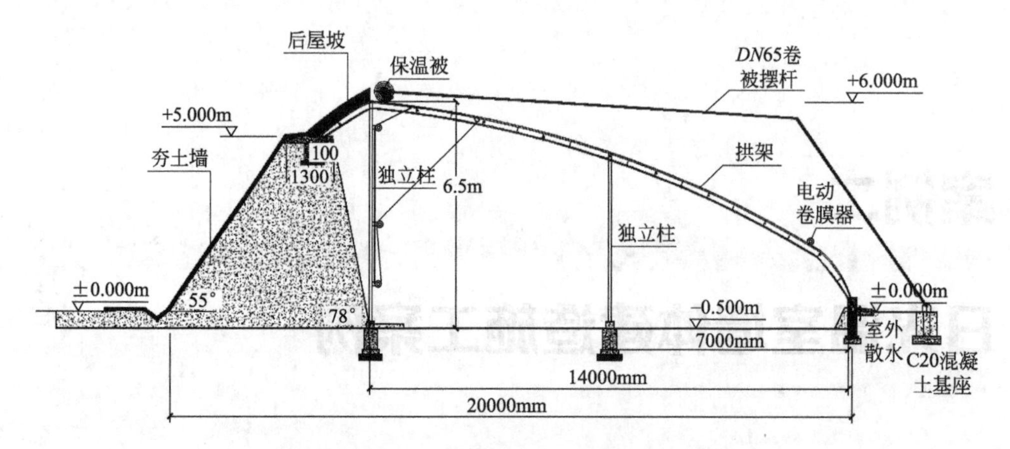

图 2-1 14m 跨度土墙日光温室剖面图

10.000m 宽。墙体用土主要是从日光温室内除墙基外的部分取土，建墙体前先将 30cm 深的有效耕层土移到温室前沿外侧，待完成墙体砌筑后再填回室内。温室土墙建造过程中，土壤湿度保持 65%～70%为宜，若土壤过干需对其进行喷水，以保证其湿度适宜。挖掘机每堆土墙高 0.400～0.500m，用拖拉机碾 1 次，一般碾压 6～9 次。墙体砌筑的形状为下底宽 10.000m、上底宽 4.000m、高 4.500m 的等腰梯形。墙体砌筑完成后，采用挖掘机将后墙切削成上窄下宽的形状。由于机械压实受墙体高度限制，当墙体高度达到 4.500m 后，剩余的墙面需要人工上土对其进行压实。完成以上所有施工工序后，土墙顶部需要浇筑 20cm 厚的混凝土结构墙帽，并放置预埋件以便安放拱架和建后坡。塑料薄膜和无纺布覆盖时，如果宽度不够，一定要采用上面的材料盖住下面的材料的做法，以防墙体进水。

山墙和后墙连接处采用山墙包后墙的方式。为了保护土墙不受雨水的侵蚀，通常会在土墙外侧包裹一层旧棚膜或保温被，有时也会外砌一层砖墙进行保护（图 2-2）。

图 2-2 墙砖保护土墙

图 2-3 日光温室南墙基础

（二）日光温室南墙基础

本案例中南墙基础为砖基础（图 2-3），标准砖的规格为 240mm×115mm×53mm，用砖块的长、宽、高作为砖墙厚度的基数，在错缝或墙厚超过砖块时，均按 10mm 的灰缝进行组砌。在砖基础砌筑之前，基础垫层表面应清扫干净，洒水湿润。先盘墙角，每次盘角高度不应超过 5 层砖，随盘随靠平、吊直。砌基础墙应挂线，24 墙反手挂线，37 墙以上墙应双面挂线。

砌筑过程中应经常拉线检查，以保持砌体通顺、平直，防止砌成“螺丝”墙。基础大放脚砌至基础上部时，要拉线检查轴线及边线，保证基础墙身位置正确。同时还要对照皮数杆的砖层及标高，如有偏差时，应在水平灰缝中逐渐调整，使墙的层数与皮数杆一致。

各种预留洞、埋件、拉结筋按设计要求留置，避免后剔凿，影响砌体质量。变形缝的墙角应按直角要求砌筑，先砌的墙要把舌头灰刮尽；后砌的墙可采用缩口灰，掉入缝内的杂物随时清理。

砖基础砌筑时要保证砂浆饱满，并勾好砖缝。砖基础砌好后，需在外侧贴 10cm 厚的聚苯板，其密度要求在 $20kg/m^3$ 以上，以减少土壤横向传热。

二、案例解析

（一）日光温室墙体高度设计

日光温室墙体一般具有保温和蓄热双重功能，主要通过白天吸收太阳辐射来蓄积热量，夜间再缓慢地将热量释放到室内。因此，温室墙体内侧温度的变化幅度与太阳光直射密切相关。墙体接受太阳光照射的面积越大，则温室保温蓄热效果越好。在相同温室长度条件下，墙体高度越大，则日光温室中接受太阳光直射的墙体面积越大。因此在寒冷季节，可通过增加墙体高度使得墙体接受太阳光直射的面积增大，从而提高温室墙体的蓄热量。随着外界气温升高，室内外温差减少，墙体接受太阳光直射的高度（即太阳光直射到墙体的高度）也在降低，直至为 0。接受太阳光直射的墙体高度过早或过晚接近于 0 均不利于日光温室的自发温度调控，因此选择墙体接收太阳直射的合理周期对日光温室的保温蓄热调节尤为关键。

考虑到中国北方大部分城市月平均最低温度接近或超过 0℃时，月平均最高温度已接近或超过 30℃，因此提出墙体接收太阳直射的合理周期（即太阳光照射到温室墙体的高度变化周期），即当室外最低温度低于 0℃时，应保证在正午前后 4h（10:00—14:00）内至少有一部分日光温室后墙能够接受太阳光直射的合理周期。考虑到蒲城地区 4 月份平均最低温度高于 0℃，提出蒲城地区日光温室墙体接受太阳光直射的时期为白露至次年清明，日光温室墙体合理高度为 3.8～4.3m。本案例中土墙高度可达 5m，显然满足冬季蓄热保温的需求，不过清明后日光温室内空气温度会比较高，需要及时通风降温。

（二）日光温室土墙建造注意事项

（1）建造日光温室须先开槽

建温室开槽，相当于盖房子时打地基，是在建墙前先在挖墙的地方深挖土壤，然后用链轨机反复压紧压实，然后再在其上面建墙体。若不开槽，后期很容易出现墙体塌陷现象。

建造新温室不挖槽就像盖新房子不打地基一样，根基不稳。现在温室墙体都在4m左右，如果不提前开槽，把墙体下的土压结实，温室建好后很可能出现沉降、偏移等问题，温室的牢固性很难保证，大大影响使用寿命，甚至墙体会有塌陷的危险。因此，在建墙体之前，千万不要为省小钱，而不顾整个温室的安全。

（2）日光温室东西墙要向两侧“张开”

日光温室东西两墙不要垂直于后墙，而是要向两侧张开些，即东墙要北偏东些，西墙要北偏西些，实际建温室中的偏差距离在2m左右。这样做的目的是，增加温室的采光面积，以利于蔬菜的生长。

（3）后墙切削

墙体内侧的多余墙土要切齐，需先沿墙内侧划好线，再用挖掘机切去多余的土。同时，为使墙体牢固，内侧墙面与地面要有一个倾斜角，一般轻壤土以80°较为适宜，沙壤土可掌握在75°～80°。

（4）后墙防水

后墙要添加石灰打压。凡是日光温室后墙出现坍塌的，多是因为温室后墙没有做防水处理，雨水从后坡渗到温室后墙上，导致墙体出现坍塌（图2-4～图2-6）。因此，对于新建的温室，为延长使用年限，建造时需要做好外墙防水处理。因为建好的温室后墙使用链轨车压实程度有限，建造时都要使用打夯机再次将温室后墙夯实并整平，以利于防水及安装温室后斜柱（俗称后砌柱），设置后屋面时也要做好防水。

图2-4 日光温室厚土墙外侧渗水

图2-5 日光温室厚土墙内侧渗水

图 2-6 日光温室后土墙渗水坍塌及加固措施

对于温室后墙，可在用打夯机夯实之前，在温室后墙顶部 15～20cm 厚的土壤中掺入一定量的石灰。若温室为 100m 长，可掺入 200kg 左右的石灰，然后使用打夯机将后墙平面夯实，使温室后墙的顶部形成密实的防水层，经过这样的处理，温室的后墙防水能力大大加强。

（三）日光温室南墙砖基础施工

在砖基础砌筑之前，还需要搅拌砂浆、确定组砌方法、拍砖撂底。

（1）拌制砂浆

① 砂浆配合比应采用质量比，并由试验确定，水泥计量精度为±2%，砂、掺合料精度为±5%。宜用机械搅拌，投料顺序为：砂、水泥、掺合料、水，搅拌时间不少于 1.5min。

② 砂浆应随拌随用，一般水泥砂浆和水泥混合砂浆须在拌成后 3～4h 内使用完，不允许使用过夜砂浆。

③ 基础按每 250m^3 砌体，各种砂浆、每台搅拌机至少做一组试块（一组 6 块），如砂浆强度等级或配合比变更时，还应制作试块。

（2）确定组砌方法

① 组砌方法应正确，一般采用满丁满条。

② 里外咬槎，上下层错缝，采用“三一”砌砖法（即：一铲灰，一块砖，一挤揉），严禁用水冲砂浆灌缝的方法。

（3）排砖撂底

① 基础大放脚的撂底尺寸及收退方法必须符合设计图纸规定，如一层一退，里外均应砌丁砖；如二层一退，第一层为条砖，第二层砌丁砖。

② 大放脚的转角处应按规定放七分头，其数量为一砖半厚墙放三块，二砖墙放四块，以此类推。

（四）日光温室土墙相关知识扩展

土墙日光温室之所以能够在冬季－20℃以下的严寒气候条件下越冬生产喜温果菜类蔬菜，一方面是靠严密的保温，另一方面则主要靠后墙白天的储热和夜间的放热。这种利用墙体白天吸热储存热量、夜间放热补充温室热损失的日光温室墙体热物理过程称为墙体的被动式储放热。这是由于不论白天墙体吸收和储存多少热量，还是夜间释放多少热量均是一种无法人为控制的热物理过程。在这种基础理论指导下建设的日光温室要求墙体材料热惰性大，白天能吸收和储存更多的热量，同时夜间也就能释放出更多的热量。土壤是一种热惰性大、价格低廉且可就地取材的材料。土壤墙体主要包括 3 种：干打垒土墙体、机打土墙体、模块化土坯墙体。

（1）干打垒土墙体

土墙最早的建造方法在西北地区多采用干打垒的方法。干打垒墙体强度高、耐久性好，而且墙体厚度较薄（厚度多控制在 50～100cm）、占地面积小，建造墙体用土量少，对土壤的破坏影响小，尤其适合黏度适中的黄土和轻质黏土。但干打垒墙体建造时间长、劳动强度大，尤其是其建设速度远跟不上日光温室发展的要求。

（2）机打土墙体

机打土墙即用挖掘机攫取地面土壤到墙体，用链轮拖拉机或压路机进行压实，之后再用挖掘机修理温室内墙面，建造速度快，且建造成本低，提高了墙体建造的机械化水平。由于墙体较厚（厚度 300～700cm），温室的保温性能好，墙体储放热能力强，在我国北方地区已有大面积推广应用，是我国当前日光温室墙体的主要形式。但这种墙体对防水要求高，建造用土量大、墙体占地面积大、土地利用率低、对土壤破坏严重，而且由于链轮拖拉机的自身重量所限，压制墙体的密实度不够，墙体使用寿命短。

（3）模块化土坯墙体

模块化土坯墙体是采用专用机械将松散的土体挤压成体积为 1.0m×1.2m×1.2m 的立方体土坯，砌筑时利用叉车直接搬运土坯模块，通过错缝垒筑即成为承重和保温墙体，而且由于土坯模块是压制成型，所以在土坯内部可以压铸出契口和通风通道，便于紧密砌筑和墙体内部储热。由于自身强度高，墙体不仅可以自承重，而且如同干打垒墙体或砖石墙体一样具有承载温室骨架荷载的能力，同时温室的使用寿命也大大延长。此外，由于墙体厚度只有机打土墙的 1/5～1/3，与干打垒墙体厚度接近，所以大大减少了墙体的占地面积，用土量也相应减少，对土壤的破坏影响亦减少。相比干打垒土墙，其建造的机械化水平更高，土坯自身的强度也更强，且可以人为控制土坯的体积大小和土坯的密实度，还可以在土体中添加草秸等骨料和胶黏剂，进一步提高土坯的强度（图 2-7）。

图 2-7　模块化土坯墙体

不论是干打垒土墙体、机打土墙体，还是机压大体积土坯墙体（模块化土坯墙体），其共性优点都是采用土作为建筑材料，材料来源丰富、可就地取材、建造成本低、储放热能力强；但其共性缺点是用土壤作为建筑材料，对耕地土层破坏严重，给未来土壤恢复带来很大困难，就地取土还造成建设场地整体低洼，给场区排水造成困难，经常发生雨季场区积水、泡塌温室墙体的事件。

三、思考题

1. 日光温室墙体接收太阳光直射的合理周期是什么？
2. 日光温室机械土墙施工过程中应注意哪些要点？
3. 山墙和后墙连接处采用的方式及原因是什么？
4. 简述土墙墙体类型及其优缺点并说出所有类型的共性优缺点。

四、本案例课程思政教学点

教学内容	思政元素	育人成效
温室土墙体建造施工	创新思维、生态思想	土壤是一种廉价、保温、蓄热性能好的墙体材料，但厚土墙日光温室占地面积大，土地利用率低，让学生懂得珍视生态环境；引导学生了解模块化土墙中先进的生态理念和创新思维，运用生态、先进的理念和方法来进行土墙设计

温室墙体建造案例

主讲人：李建明

单位：西北农林科技大学园艺学院

案例三

日光温室屋面建造施工案例

日光温室屋面包括前屋面与后屋面。前屋面朝南，也是采光面，表面覆盖活动的保温被和固定的塑料薄膜，白天保温被上卷以便温室采光，夜间保温被下放以便温室保温。后屋面朝北，周年固定以便保温。

一、案例陈述

本案例选用陕西省渭南市蒲城县紫荆街道办贾曲高效农业园区 14m 跨土墙日光温室（图 2-1）为例，主要针对温室前屋面及后屋面设计与建造施工等相关方面的知识进行解析，让读者可以更好地学习日光温室的施工建造。

（一）日光温室前屋面施工

日光温室前屋面形状宜为弧形，弧形的选型需要兼顾承重、采光、防风、排水和紧固压膜线等功能（图 3-1）。

图 3-1　日光温室前屋面骨架

1. 日光温室骨架安装

本案例中日光温室主体骨架采用热镀锌全钢焊接桁架结构，钢管横拉杆与主骨架、塑料棚膜、压膜线等共同组成网状结构。

主骨架：上弦热镀锌圆钢管 *DN*32mm×2.75mm，下弦热镀锌圆钢管 *DN*25mm×2.75mm；

横拉杆：热镀锌圆钢管 *DN*20mm×2.50mm；

连接件：热镀锌圆钢管 *DN*20mm×2.50mm，Φ10 号钢筋（Φ10 号表示钢筋直径为 10mm 的一级钢筋）。

日光温室主骨架上弦选用 *DN*32 热镀锌圆钢管，下弦采用 *DN*25 热镀锌圆钢管，上下弦之间采用间距为 1.0m 的热镀锌圆钢管 *DN*20mm×2.50mm 焊接。每榀骨架的前端与温室前底脚位置上的预埋件相焊接，后端和后墙圈梁上的预埋件焊接，主骨架与主骨架之间的间距为 1.0m。横拉杆采用间距为 2.0m 的 *DN*20 镀锌钢管，沿温室长度方向布置，横拉杆与上弦杆之间用 Φ10 号钢筋呈三角形连接，下弦杆、上下弦杆连接杆与横拉杆之间直接焊接连接。在屋脊处用 50mm×50mm 的角铁焊接纵向相连，角铁缺口朝向后屋面，主要用于固定保温被。安装时要保证所有骨架的高度、角度应一致，焊接要牢固。

2. 前屋面塑料薄膜覆盖

在覆盖塑料薄膜之前，根据施工图纸，在前屋面骨架上安装卡膜槽。选择晴朗、无风、温度较高的天气，于中午进行覆膜。在覆膜之前先把塑料薄膜抻直晒软，然后用长 6m、直径 5～6cm 的 4 根竹竿分别卷起棚膜的两端，再由东西向同步展开放到温室前屋面骨架上。当温室屋顶和前缘的人员都抓住棚膜的边缘，并轻轻拉紧对准应盖置的位置后，两端的人员开始抓住卷膜杆向东西两端方向拉棚膜，把棚膜拉紧后，随即将卷膜竹竿分别绑于山墙外侧地锚的钢丝上，屋顶和前缘的人员利用卡簧将塑料薄膜固定在前屋面骨架上。在覆盖棚膜时，由前屋面顶部往下展顺膜面，在顶部留出 80～100cm 宽与温室等长的通风口不盖整体膜，在底部留出 30～50cm 宽与温室等长的位置固定裙膜。整体棚膜覆盖后，随即固定顶部通风口膜和底部裙膜。

压膜线应符合几个要求：①材料应质地柔软，表面光滑；②抗拉强度应满足结构设计要求；③不应采用钢丝。本案例中采取专用的尼龙绳作为压膜线压棚膜。按前屋面长度加 150cm 截成段备用。在上压膜线之前，应事先在温室前东西向每隔 1.0m 备置好 1 个地锚，屋脊角铁上东西向每隔 1.0m 固定 1 个铆钉以备拴系压膜线，并将其埋在紧靠温室前角外，深度 40cm。上压膜线时，上端拴在温室屋脊角铁铆钉上，拉紧一定程度后，下端拴在前屋面底角外的地锚上。温室上好压膜线后，骨架向上支撑棚膜，而压膜线于两骨架中间往下压棚膜。

3. 保温被安装

① 本案例中日光温室选用 3.0kg/m^2 的保温被，保温被从东侧开始铺起，相

邻的西侧被压住东侧被，搭接宽度不小于150mm，搭接处直接黏接，除此之外，若保温被连接之处为气眼可用尼龙绳依次串起，或者一侧为气眼一侧为绑扎绳，将绑扎绳从气眼穿过绑扎紧，起到连接保温被的作用。保温被顶部可用角钢固定在温室后屋面上。

② 保温被因块与块之间已进行了连接，不可能实现人工收放，只能采用机械收放。

③ 由于本案例中日光温室长度超过了60m，则保温被使用中卷，将卷帘机置于长度方向的中间，卷帘机输出轴的两端用法兰盘与$DN50$热镀锌圆钢管连接，将保温被固定在钢管上，电机的悬臂杆支撑点立在温室前沿外侧约1.8m处。在电机行走的路线下铺一块固定保温被，待卷帘机行至温室顶部后，将固定保温被人工收起。

若日光温室长度在不超过60m，则可采用侧卷，即将卷被电机安装在没有操作间的一侧。在距温室侧墙外侧约30cm、距北墙2m的位置用混凝土做一个预埋基础，将卷被电机伸缩杆连接件与埋件焊接。卷被电机与卷被轴用法兰连接，由于卷被电机一侧质量大，在保温被卷起时，保温被卷得比无电机的一端紧，保温被卷筒直径易出现大小头现象，故在电机的一侧加上一条窄被，使卷起的被子粗细基本一致。

(二) 日光温室后屋面施工

温室后屋面既要保温又要可以上人，故材料需要一定的强度和保温性能。在后屋面的中间设置1道扁钢，用于支撑后屋面板。后屋面材料为彩钢保温板，利用自攻钉直接将彩钢聚苯板固定在温室骨架上。

二、案例解析

(一) 日光温室前屋面形状及倾角

日光温室前屋面形状及日光温室屋面倾角是影响日光温室日进光量和升温效果的主要因素，在进行日光温室建造时，必须考虑当地情况合理选择设计。在各种日光温室前屋面形状中，以圆弧形采光效果最为理想。

日光温室前屋面倾角指日光温室透光面与地平面之间的夹角。当太阳光透过棚膜进入日光温室时，一部分光能转化为热能被温室棚架和棚膜吸收（约占10%），部分被棚膜反射掉，其余部分则透过棚膜进入日光温室。棚膜的反射率越小，透过棚膜进入日光温室的太阳光就越多，升温效果也就越好。最理想的效果是，太阳垂直照射到日光温室棚面，入射角为零，反射角也为零，透过的光照强度最大。但是在实际生产过程中，由于太阳高度角是不断变化的，因此这种理想情况是难以满足的。一般日光温室前屋面采光设计的基本原则是保证在冬至日正午前后4h内

(10:00—14:00) 日光温室能获得最大采光量，依据温室太阳光入射角在一定范围内变化对温室透光率影响较小的原理，选用正午最小入射角为43°。本案例中日光温室前屋面倾角应大于25.6°，但是实际生产过程中屋面倾角仅为24.6°，需要进一步提高屋面倾角。

（二）塑料薄膜的选择

目前，日光温室的覆盖材料主要是塑料薄膜，其中最常用的棚膜按树脂原料可分为PVC（聚氯乙烯）薄膜、PE（聚乙烯）薄膜和EVA（乙烯-醋酸乙烯）薄膜3种。这3种棚膜的性能不同：PVC棚膜保温效果最好，易粘补，但易污染，透光率下降快；PE棚膜透光性好，尘污易清洗，但保温性能较差；EVA棚膜保温性和透光率介于PE和PVC棚膜之间。在实际生产中，为增加棚膜的无滴性，常在树脂原料中添加防雾剂，PVC棚膜和EVA棚膜与防雾剂的相容性优于PE棚膜，因而无滴持续时间较长。

（三）保温被的管理

保温被的揭盖直接关系到日光温室内的温度和光照。在揭盖管理上，应掌握上午揭保温被的适宜时间，以便直射光照射到前屋面，揭开保温被后温室内气温不下降为宜；盖保温被的时间，原则上在日落前温室内气温下降至15～18℃时覆盖。正常天气掌握上午8:00—9:00时左右揭，下午4:00—5:00时左右盖。一般雨雪天温室内气温不下降也要揭开保温被。大风雪天，揭保温被后如温室内温度明显下降，可不揭开保温被，但中午要短时揭开或随揭随盖。连续阴天时，尽管揭保温被后温室内气温下降，仍要揭开保温被，下午要比晴天提前盖保温被，但不要过早。连续阴天后的转晴天气，切不可突然全部揭开保温被，应陆续间隔揭开，中午阳光强时可将保温被暂时放下，至阳光稍弱时再揭开。雪天及时清扫保温被上的积雪，以免化雪后将草苫弄湿。在最寒冷天气，夜间温室内最低温度达10℃以下低温时，应在保温被上再加盖一层旧薄膜或一层保温被，前屋面底部加盖一层无纺布。

在实践中发现保温被外面增加一层黑白浮膜，具有较好的保温效果。黑白双色浮膜正面为黑色，反面为白色，其优点是：该浮膜正面为黑色，太阳出来后，吸热快，浮膜上的霜冻融化得也快，能赶早揭开保温被，增加温室内的光照时间，可提高温室温度，有利于蔬菜的生长。此外，该膜要比一般棚膜厚，抗拉性强，耐老化，价格相对较低。

（四）日光温室后屋面材料

在生产实践中日光温室后屋面仰角大多控制在40°～45°。后屋面材料除了彩钢聚苯板等硬质材料之外，也可铺设松散材料。其施工工艺为在温室的后屋面先铺一层木板或其他具有水平支撑的材料后，在上面铺一层薄膜或油毡用于防水及防止填充物落入温室内，上面再填充珍珠岩、煤渣、土等作为保温材料。填充坡度不宜太陡，以人能够在上面安全行走并能完成拆装薄膜及草帘为宜。填充物表面用防水砂浆抹面。

（五）注意事项

1. 日光温室最低作业高度不宜低于1.0m。

2. 日光温室前屋面在屋脊处的坡度不应小于8°，在前屋面底脚部位的坡度不宜小于60°。

3. 琴弦式日光温室结构承力拱架的间距不宜大于3m，相邻两榀承力拱架之间支撑副杆间距不宜大于1.2m，纵向钢丝间距不宜大于0.3m，固定钢丝地锚埋深不宜小于1.0m。

4. 无琴弦排架结构承力拱架的间距宜0.8～1.2m，纵向系杆的间距不宜大于2.0m，且不得影响塑料薄膜的压紧。

5. 前屋面通风口应沿温室长度方向通长设置或均匀间隔设置，通风口宽度宜为0.5～1.5m。

6. 前屋面通风口可采用扒缝、卷膜或悬窗等形式。采用扒缝和卷膜开窗时，活动膜和固定膜的搭接宽度宜为0.2～0.3m。卷膜或悬窗通风口应配套手动或自动控制设备。

7. 通风口处应配置与种植作物防虫要求相适应的防虫网。

8. 屋脊通风口应配置防止塑料薄膜出现水兜的支撑网。

9. 保温被揭盖过程可能会出现卷轴受力不均匀的情况，从而导致保温被卷轴出现弯曲现象（图3-2），应及时关闭卷帘机，以免出现安全事故。

图3-2 保温被卷轴出现弯曲现象

10. 为了避免日光温室保温被出现卷过头的问题，可在日光温室后屋面安装短立柱（图 3-3）进行阻拦。

图 3-3　日光温室后屋面短立柱

三、思考题

1. 日光温室施工建造步骤有哪些？

2. 覆盖塑料薄膜需要哪些基本材料？常用的棚膜类型及其性能是什么？

3. 日光温室长度与保温被卷被方式的关系及保温被在使用过程中的注意事项或预防措施是什么？

四、本案例课程思政教学点

教学内容	思政元素	育人成效
温室屋面建造施工	职业道德、工匠精神	温室屋面设计强调安全、透光、保温及通风等多功能需要；引导学生在温室屋面的设计中要发扬工匠精神，爱岗敬业、严谨细致的职业道德，给内部植物、农户营造一个安全、舒适的环境

温室前屋面建造案例

主讲人：李建明

单位：西北农林科技大学园艺学院

案例四

保温型塑料大棚建造施工案例

在化石燃料能源枯竭和环境恶化的背景下，夜间温室顶部覆盖保温材料是一种有效减少室内热量流失的节能生产方式。塑料大棚是中国园艺设施中应用面积最广的一种设施类型。近年来，随着设施园艺逐渐向机械化、自动化、智能化方向发展，传统小跨度塑料大棚已不能满足机械生产需求。为了提高塑料大棚生产效益，在传统塑料大棚的基础上，增大塑料大棚跨度，再结合外保温覆盖的节能方式，提出了一种适用于蔬菜春提前、秋延后的保温型塑料大棚。近年来，在中国北纬 30°～40°地区开始了这类塑料大棚的探索和实践。

一、案例陈述

选用陕西省杨凌示范区五泉镇毕公村杨凌现代农业融合体验园区 18m 跨非对称保温塑料大棚为案例，日光温室施工时间为 2017 年 9～11 月份，由杨凌示范区农业农村局负责施工运营。本案例主要针对非对称保温塑料大棚设计与建造施工等相关方面的知识进行解析，让读者可以更好地学习保温塑料大棚的施工建造。

（一）保温塑料大棚基本尺寸

本案例中非对称保温塑料大棚坐北朝南，东西走向（图 4-1），双层骨架，跨度为 18m（内跨度为 16.6m），南屋面投影宽度为 12m（内层南屋面投影宽度为 11.26m），北屋面投影宽度为 6m（内层南屋面投影宽度为 5.35m），脊高为 6.0m（内层脊高 5.2m），北侧设置宽度为 0.75m 的道路，栽培区域宽度为 15.86m，长度为 70m，栽培面积为 1110.2m^2。内层南北屋面覆盖厚度为 0.12mm 的塑料薄膜，在冬季，白天内层南屋面塑料薄膜上卷以便阳光进入，夜间塑料薄膜下放进行保温，而内层北屋面塑料薄膜一直处于下放状态以便保温。外层南北屋面外覆盖厚度为 0.12mm 的塑料薄膜以及厚度为 20mm 的保温被，南北屋面底部和顶部共设置 4 个通风窗口以便通风降温，其中南屋面保温被白天上卷透光，夜间下放保温，而北屋面保温被从立冬开始一直处于下放覆盖状态，直至立春才开始揭帘、放帘。

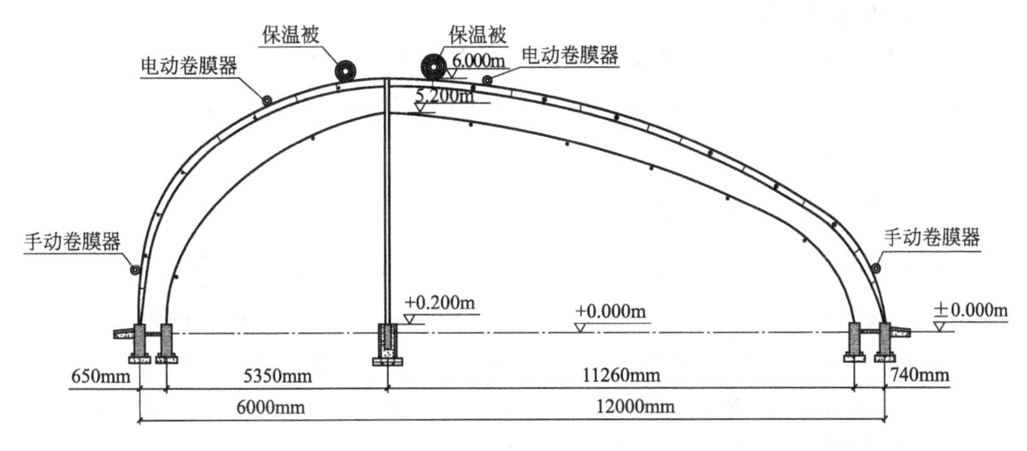

图 4-1　18m 跨度非对称保温塑料大棚剖面图

（二）保温塑料大棚基础施工

1. 条形基础施工

本案例中四周骨架安装在条形基础的预埋件上（图 4-2），基础垫层采用三七灰土。三七灰土是一种以石灰与黏土按照一定比例配制而成具有较高强度的建筑材料，其中熟石灰需要用 6～10mm 的筛子过筛；土料用 16～20mm 筛子过筛。在灰土施工过程中应将基槽表面的虚土、树叶等清理干净，然后再分层铺灰土、夯实。

基础采用厚度为 240mm 的砖基础，施工工艺与案例 2 中日光温室墙基础施工工艺相同。基础顶部铺设厚度为 240mm 的 C20 圈梁，其中主筋采用 4 根直径为 12mm 的钢筋，箍筋直径为 8mm，间距为 300mm，内部嵌入预埋件。

图 4-2　保温塑料大棚条形基础

图 4-3　保温塑料大棚独立基础

2. 独立基础施工

本案例中立柱采用独立基础（图 4-3），基础为 C20 钢筋混凝土独立基础，尺寸为 400mm×400mm，埋深 0.75m，内部嵌入预埋件。垫层采用 C15 细石混凝土，厚度为 150mm。

（三）保温塑料大棚骨架安装

本案例中塑料大棚外骨架为双弦杆结构，间距为 1.2m，其中上弦采用 *DN*32mm×2.5mm 镀锌圆管，下弦杆采用 *DN*25mm×2.5mm 镀锌圆管，中间通过钢片焊接，横拉杆采用 *DN*20mm×2.0mm 镀锌圆管（图 4-4）。内骨架为单管结构，间距 2.0m，其中钢管为 30mm×75mm×2.5mm 椭圆管，横拉管 *DN*20mm×2.0mm 镀锌圆管（图 4-5）。中间立柱采用 100mm×100mm×3.5mm 的镀锌方钢，间距为 6.0m，相邻方钢之间通过 2 道桁架连接，桁架上弦为 50mm×50mm×3.5mm 的镀锌方钢，下弦为 50mm×50mm×2.5mm 的镀锌方钢，中间通过 50mm×50mm×2.5mm 的镀锌方钢连接（图 4-6）。塑料大棚两端立柱各增加一道斜撑，斜撑尺寸采用直径为 25mm 的镀锌圆管（图 4-7）。

图 4-4　保温塑料大棚外骨架结构

图 4-5　保温塑料大棚内骨架结构

图 4-6　保温塑料大棚立柱通过桁架连接

图 4-7　保温塑料大棚斜撑

二、案例解析

（一）非对称保温塑料大棚南北跨度设计

在严寒冬季，非对称保温塑料大棚北屋面外一直覆盖保温被，可有效地减少室内热量流失。然而，随着室外气候变暖，太阳直射光在室内地面的投影也在逐渐向南移动，其中最为关键的部分是什么时间节点非对称保温塑料大棚内北侧最后一排作物最后一天全天接收太阳光直射，同时当天北屋面可以开始适当揭帘以增加北侧太阳散射光进入。时间节点过早，则非对称保温塑料大棚内热量流失过多，夜间室内气温会过低；时间节点过晚，则室内北侧作物接收太阳光照射的总量会降低，不利于作物生长发育。

根据研究结果，当室外最低温度变化范围为－15～－5℃时，非对称保温塑料大棚内平均最低气温为 4.1℃，番茄在夜间的最低耐受空气温度为 5℃。为此，以满足植物夜间生长发育温度为优先条件，选择以室外月平均最低温度－5℃作为阈值，即当平均最低温度超过－5℃时，北屋面才开始适当揭帘，而当平均最低温度低于－5℃时，应保证在当地正午 12:00 时室内北侧最后一排作物能够接受太阳光直射，依此选择非对称保温塑料大棚北屋面合适的揭帘时期。

考虑到杨凌地区 2 月份平均最低温度高于－5℃，建议杨凌地区非对称保温塑料大棚北屋面选择合理的揭帘时期为立春至次年立冬，18m 跨度非对称保温塑料大棚的南屋面投影宽度为 11.6m，北屋面投影宽度为 6.4m。本案例中南屋面投影宽度可达 12.0m，显然满足非对称保温塑料大棚的设计需求，不过与非对称保温塑料大棚南屋面种植区域相比，北面种植区域的光照要更弱，需要采取补光或其他措施处理。

（二）灰土在雨、冬期施工注意事项

1. 基坑（槽）或管沟灰土回填应连续进行，尽快完成。

2. 施工中应防止地面水流入槽坑内，以免边坡塌方或基坑上方遭到破坏。雨天施工时，应采取防雨或排水措施。

3. 刚夯打完毕或尚未夯实的灰土，如遭雨淋浸泡，则应将积水及松软灰土除去，并重新补填新灰土夯实，受浸湿的灰土应在晾干后，再夯打密实。

4. 冬期夯打灰土的土料，不得含有冻土块，要做到随筛、随拌、随打、随盖，认真执行留、接、搓和分层夯实的规定。

5. 在土壤松散时可允许洒盐水。

6. 气温在－10℃以下时，不宜施工，并且要有冬施方案。

三、思考题

1. 非对称保温塑料大棚冬季有关塑料薄膜及保温被的昼夜管理措施有哪些？
2. 灰土在雨天施工的注意事项有哪些？
3. 根据本案例分析阐述温室中温度与北屋面揭帘的关系。

四、本案例课程思政教学点

教学内容	思政元素	育人成效
大跨度保温型大棚设计	创新理念	引导学生了解设计师如何利用新设计理念来进行大棚设计，保温型大棚创新地结合了日光温室保温性能优良与塑料大棚土地利用率高的优点，使大棚内部热环境满足植物生长需求的同时，提高了土地利用率，从多角度介绍大跨度保温大棚的技术，展示出设计中的创新理念，培养学生的创新思维

五、参考文献

[1] 曹晏飞，石苗，李建明．非对称保温塑料大棚南北屋面投影宽度优化［J］．农业工程技术，2020，40（10）：34-38.

[2] 周长吉．周博士考察拾零（七十五）大跨度保温塑料大棚的实践与创新（上）［J］．农业工程技术，2017，37（34）：20-27.

[3] 周长吉．周博士考察拾零（七十六）大跨度保温塑料大棚的实践与创新（下）［J］．温室园艺，2018，38（1）：38-41.

大跨度塑料大棚建造施工案例
主讲人：曹晏飞
单位：西北农林科技大学园艺学院

案例五

设施加温系统安装与运行管理案例

温度是设施生产过程中的重要环境要素之一，温室加温和保温性能的好坏直接影响作物产量与最终收益。而在实际生产过程中，往往由于加温设备不合理的选择与安装导致温室内温度无法满足作物正常生长发育需要或者供暖成本过高，大大降低了设施农业生产收益。

本案例位于陕西省杨凌国家现代农业产业园大寨项目区的杨凌大学生种苗基地日光温室。我们结合本案例的实际情况，根据不同覆盖材料温室内部环境特点，通过热力学方程与相关公式确定温室内部加温需求，并从科学、合理、经济、适用角度选择最适宜的加温系统，采购温室加温设备，进行加温设备安装规划设计，提高温室加温性能，减少加温能耗，解决冬季温室加温问题。同时，针对不同加温设备与系统，提出不同的设备日常管理与保养方案，促进设备高效运作，保证温室稳定高效生产，减少设备维护成本，提高设施栽培经济效益。

一、背景分析

在自然气候条件下，因所处地区、季节和昼夜的不同，温度变化范围很大，容易在秋冬季节和夜间的低温天气下对作物的生长产生抑制，这也是露地不能进行作物周年生产的主要原因。因此在寒冷的气象条件下，安装运行设施加温系统十分有必要，这也是温室设施设计、建造和使用中的关键问题所在。

作物的生长发育和开花结果全过程都必须在适宜的温度条件下才能进行。一般而言，根系吸收营养物质的最适温度是 15～20℃，最有利于光合作用的温度是 20～30℃。而温室的温度条件取决于温室内、外热量传递情况。根据能量守恒原理，在稳定情况下，温室从外界获取的能量与损失的能量相等，即温室供热、蓄热和散热的总能量守恒。

目前设施中广泛应用的采暖配置有热水采暖系统、热风采暖系统、辐射采暖系统和锅炉煤火采暖系统。热水采暖系统一般在大型温室中使用，燃煤将水加热后通过室内的散热装置进行室内换热；热风采暖设备一般采用一定热源，通过换热装置以强制对流换热的方式加热空气，使之达到较高的温度，通过风机将热风送入需采暖的温室；辐射采暖利用辐射加热器释放的红外线直接对温室内空气、土壤和植物加热；我国很多传统温室采用锅炉煤火采暖，锅炉设置于温室内，煤炭燃烧过程中产生的烟气直接排出室外，并且加热后的热量通过辐射散热的方式从烟道散发到温室内，对温室进行加热。

二、案例阐述

本案例日光温室（图 5-1）东西走向，坐北朝南，跨度 8m，长度 100m，脊高 6m，前屋面角为 28°，整体为轻型薄壁钢结构，骨架间距 1.2m。设施建筑占地面积约 1100m^2，室内土地面积 800m^2，室内容积 2100m^3。温室内安装了一台燃油锅炉，该锅炉以甲醇作为燃料，可以减少有毒有害气体的排放。在杨凌地区的寒冷冬季，经过实际运行验证，该燃油锅炉可以使温室内夜间温度维持在 13℃以上；同时，该案例中一个采暖季，该燃油锅炉夜间的运行费用约 300 元，相对于燃煤锅炉，其费用相对较高，但是其加温效果较佳且不会排放 CO、SO_2 等有害气体。该燃油锅炉供热面积为 800m^2，采用甲醇作为制热能源，通过暖风带将锅炉燃烧产生的热量输送到温室内（图 5-2），解决温室冬季采暖问题，保证温室内温度满足作物栽培生长的温度需求。燃油锅炉安装在日光温室西侧位置，如图 5-3～图 5-6 所示。

图 5-1 本案例日光温室

图 5-2 热风燃油锅炉暖风带

1. 温室热负荷计算

(1) 温室围护结构散热

该案例温室的围护结构主要包括四种材质：土墙、聚乙烯薄膜、保温被和砖墙，其中后墙为 1m 厚的土墙，两侧山墙为 24cm 厚的砖墙，前屋面为单层聚乙烯薄膜，夜间外覆一层 2cm 厚的保温被。设定冬季该日光温室夜间室温维持在 15℃

图 5-3 热风燃油锅炉实物图

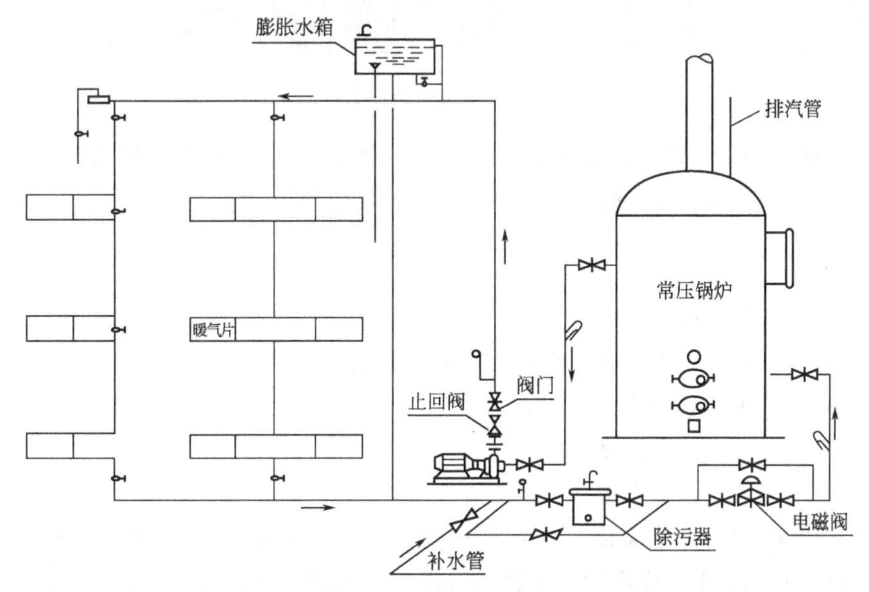

图 5-4 锅炉结构示意图

图 5-5 锅炉和散热管道实际安装图

图 5-6 暖气管道施工图

以上，而杨凌当地冬季夜间室外平均温度为－10℃，根据温室围护结构传热损失计算公式，即式(5-1)，计算温室各个围护结构的传热损失。

$$Q_w = \sum_{j=1}^{n} \mu_j A_j (t_i - t_o) \tag{5-1}$$

式中 Q_w——传热损失，W；

μ_j——围护结构传热系数，W/(m² · K)；

A_j——围护结构表面面积，m²；

t_i——室内设定温度，℃；

t_o——室外设定温度，℃。

查阅资料，1m 厚土墙传热系数为 1.16W/(m² · K)，24cm 厚砖墙传热系数为 3.4W/(m² · K)，单层聚乙烯薄膜和 2cm 厚保温被总传热系数为 1.18W/(m² · K)。经计算，温室土墙体面积为 500m²，温室山墙面积约为 60m²，前屋面面积为 1000m²，根据温室围护结构传热损失计算公式（式 5-1）计算得出，温室围护结构总传热损失为：

$Q_w = 1.16\times500\times[15-(-10)]+3.4\times60\times[15-(-10)]+1.18\times1000\times[15-(-10)]=49100\text{W}=49.1\text{kW}$。

（2）渗透散热

渗透热损失指通过缝隙渗透空气，发生室内外空气交换造成的热损失。渗透热损失计算公式：

$$Q_v = 0.5k_{风速}VN(t_i - t_o) \tag{5-2}$$

式中 Q_v——渗透热损失，W；

$k_{风速}$——风力因子；

V——温室空气体积，m^3；

N——每小时换气次数；

t_i——室内温度，℃；

t_o——室外温度，℃。

该案例中温室位于陕西杨凌地区，查阅资料得知，杨凌地区常年风力低于4级，故$k_{风速}$取1.0；该温室属于单层速率薄膜覆盖，每小时换气次数N为1.0～1.5；计算得出温室内空气体积约为$2100m^3$，根据渗透热损失计算公式［式(5-2)］计算渗透散热量为：

$Q_v=0.5\times1.0\times2100\times1.5\times[15-(-10)]=39375W\approx39.4kW$。

(3) 地面土壤散热

地面传热损失指通过室内土壤传递的热量损失，计算公式：

$$Q_f=\sum_{i=1}^{3}\mu_iA_i(t_i-t_o) \tag{5-3}$$

式中 Q_f——地面热损失，W；

μ_i——第i区传热系数，$W/(m^2\cdot K)$；

A_i——第i区面积，m^2；

t_i——室内温度，℃；

t_o——室外温度，℃。

该案例温室跨度8m，刚好可分为四个地带（由墙内表面起，沿三面墙向内各量2m为一个地带），如图5-7所示，面积分别为：$224m^2$、$208m^2$、$192m^2$、$176m^2$，对应的传热系数分别为$0.47W/(m^2\cdot K)$、$0.23W/(m^2\cdot K)$、$0.12W/(m^2\cdot K)$、$0.07W/(m^2\cdot K)$，根据地面传热公式［式(5-3)］计算得出，该温室地面热损失为：

$Q_f=0.47\times224\times[15-(-10)]+0.23\times208\times[15-(-10)]+0.12\times192\times[15-(-10)]+0.07\times176\times[15-(-10)]=4712W\approx4.7kW$。

因此，经过计算得出，案例温室的热负荷为

$Q=Q_1+Q_2+Q_3=49.1+39.4+4.7=93.2kW$。

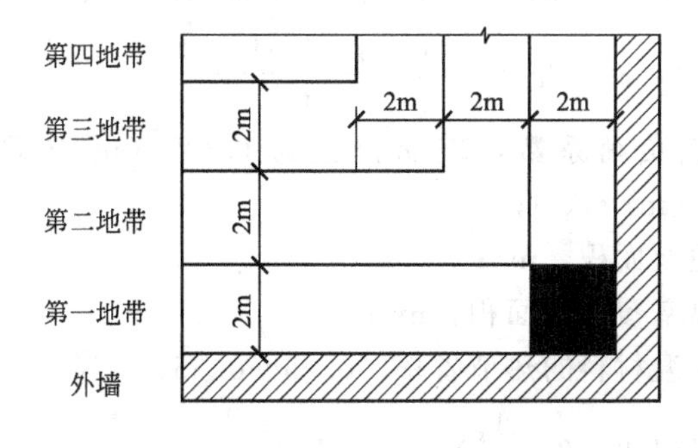

图5-7 地面基本失热量计算地带的划分

2. 温室加温系统配置

在该温室中选用燃油锅炉对温室进行加温。锅炉额定供热量计算公式为：

$$Q_G=Q/\eta \tag{5-4}$$

式中 Q_G——锅炉总装机容量，kW；

Q——温室采暖热负荷，kW；

η——管网输送效率，一般取0.9。

因此，根据上述计算公式［式(5-4)］计算得出，该温室所需锅炉总装机容量为：$Q_G=93.2/0.9=103.6\text{kW}$。

目前市面上锅炉热负荷的选择普遍以吨来界定，锅炉上所用的吨，指在1h内产生1t蒸汽所需要的热量，锅炉供热量的计算是以1t/h的蒸汽热量相当于0.7MW进行计算。所以本案例只需选择0.5t的锅炉即可。

三、案例剖析

1. 温室采暖原理

（1）计算设施采暖负荷

根据温室热平衡方程：

$$Q_s+Q_h=Q_e+Q_f+Q_v+Q_w \tag{5-5}$$

式中 Q_s——温室吸收的太阳辐射，W；

Q_h——温室补充的热量，W；

Q_f——地中散热量，W；

Q_v——冷风渗透散热量，W；

Q_w——通过围护结构散热量，W；

Q_e——室内植物蒸腾作物蒸发散热量，W。

计算设施采暖热负荷。因为通常设施热负荷最大是在秋冬季的夜间，室内吸收的太阳辐射热量$Q_s=0$；同时，夜间通常实行密闭管理，即$Q_e\approx0$。

冬季夜间的采暖热负荷为：

$$Q_h=Q_w+Q_f+Q_v \tag{5-6}$$

在温室采暖设计中，可以通过采暖荷载的粗略估算，进行简化计算：

$$Q_h=\frac{UA_s(t_i-t_o)(1-\alpha)}{\beta} \tag{5-7}$$

式中 U——经验热负荷系数，玻璃覆盖为6.4W/(m²·℃)，聚乙烯覆盖为7.3W/(m²·℃)；

A_s——温室地面面积，m²；

A_g——设施温室覆盖表面积，m²；

α——覆盖保温材料的热节省率，0.25～0.65；

β——设施保温比（$\beta=\frac{A_s}{A_g}$）；

t_i——室内温度，℃；

t_o——室外温度，℃。

（2）设计设施加温设备

温室采暖就是选择适当的供热设备以满足温室采暖负荷的要求。在计算求得温室采暖耗热量后，选择什么样的采暖方式是采暖设计的第二个需要解决的问题。目前用于温室的采暖方式有热水采暖、热风采暖、辐射采暖和锅炉煤火采暖，在实际应用中应根据温室设施建设所在地的气候特点、实际的采暖负荷、当地燃料的供应与设施管理水平综合考虑。

目前，在西北地区大型连栋温室主要采用以热水为热媒的采暖系统即热水采暖系统。热水采暖系统一般由提供热源的锅炉、热水输送管道、循环水泵、散热器以及各种控制器和调节阀等组成。由于供热热媒的热惰性较大，热水采暖系统的温度调节可达到较高的稳定性和均匀性，与蒸汽采暖和热风采暖相比，虽然一次性投资较大，但是循环动力较大，热损失较小，运行维护费用较低。热水采暖系统热媒采用60～80℃热水，因水热容量大，热稳定性好，室内温度波动小，停机后保温性能强，加热均匀。

① 散热器布置　温室供暖的目的主要是使温室维持适宜的温度以满足作物生长需要，因此散热器需要布置均匀，同时还要尽量减少温室内光照的阻挡。温室中散热器的布置，不宜按温室面积平均分配布置。从温室的散热情况分析，主要的散热部位为温室屋面及四周围护结构，因此需要在温室四周布置足够的散热器，以平衡四周的围护散热。

温室实际安装散热器的数量计算公式：

$$F=\frac{Q}{K(t_1-t_2)}\beta_1\beta_2\beta_3\beta_4 \tag{5-8}$$

式中　F——所需散热器的表面积，m^2；

Q——温室计算的热荷载，W；

K——散热器的传热系数，$W/(m^2 \cdot ℃)$；

t_1——散热器内部的平均水温，℃；

t_2——温室内采暖设计的温室温度，℃；

β_1——散热器内采暖设计修正系数；

β_2——安装形式修正系数；

β_3——组装片数修正系数；

β_4——进水流量修正系数。

② 加热供水系统的布置　要保证温室加温的均匀性，除要求均匀布置散热器外，对供热热水的流向也必须做出相应的考虑。随着热水在散热器内流动，管道内热水的温度不断降低，实际的传热效果不断降低，即进水口温度较高，出水口温度较低。在设计中考虑热水循环布置，即一供一回，减少由于供水温度的沿程变化造

成温室温度的失衡。

温室采暖散热器双排或者多排布置时，圆翼型散热器间距应该大于25mm，以减少散热器之间的相互影响。同时设计时供水管布置在上，回水管在下，减小供热动力消耗。在供暖管路设计上，为平衡各管路的阻力，避免各个管道内热水流量不同，常采用同程式布管原理，尽量使温室各个部位供热管道回水温度能互补。

在实际温室加热装置中，加热水量大小可以按照下面公式计算：

$$G=\frac{3.6Q}{(T_g-T_h)C} \tag{5-9}$$

式中 G——供暖系统的热水循环量，kg/h；

Q——热水放出的热量，即设施热负荷或者略大于设施热负荷，W；

T_g——加热器（即供暖系统）供水温度，℃；

T_h——加热器（即供暖系统）回水温度，℃；

C——水的比热容，4.1868kJ/(kg·℃)。

(3) 设施加温设备安装与运行管理

根据计算得到的设施热负荷，进而得到加温系统中加热器加热体积和散热器的安装面积，之后通过比较不同的供货商，选择购买适合的设备。

① 加热锅炉　加热锅炉购置后应先仔细检查在运输过程中有没有被毁坏，在操作间安装或者在连栋温室指定区域内安装，安装后确保其电路安全和防水防火。锅炉设备运行时必须按照使用说明书进行日常运行管理与维护。

a. 水位计要时刻保持清洁，安全指示清晰；

b. 安全阀每天扳动一次，以防生锈失灵；

c. 锅炉停止运行时间较长时，应切断电源，并做好保养工作；

d. 维护保养锅炉时，必须切断电源，必须泄压。

② 供水系统　供水装置一般与加热锅炉配套，最好选择同一厂家的设备，这样在运行维护时可以达到统一，同时运行与维护也更加可靠。

③ 散热装置　根据安装计算设计的散热装置进行圆翼散热器的购置，应先检查其性能，之后进行实地组装。安装后与加热装置连接进行装置的性能测试。新装管道第一次使用时，必须先排空、清洗管道内的杂质。先补满水，排出系统内的空气，严禁无水通电试机，严禁缺水运行。日常使用运行管理如下：

a. 循环水泵必需接锅炉本体水泵线；

b. 膨胀水箱及通大气管应注意防冻措施，不得冻结；

c. 定期检查管路是否畅通，阀门是否打开；

d. 散热装置附近要空旷，不要堆积过多杂物；

e. 植株要与散热器间隔一定距离，防止过热对植物产生胁迫。

2. 案例设计评价

该案例温室选用的是额定发热量为0.12MW的燃油锅炉，符合温室采暖热负荷要求，但是温室内的散热管道只是简单地采用热风带进行温室供暖，其散热面积有限，可以考虑增加热风带的直径或风机的功率，来保证离锅炉较远端的温室也能得到足够热量供给。

温度高低往往是温室生产成败的主导因素，因此在温室建造过程中对供暖系统的设计要求非常严格。首先供暖系统要有足够的供热能力，能够在室外设计温度下保持室内所需要的温度，保证温室内植物的正常生长；其次是采暖系统的一次性投资和日常运行费用要经济合理，控制供热成本保证生产盈利；三是要求温室内温度均匀，散热设备遮阳少，占用较小空间，设备运行安全可靠。

在获得不同覆盖材料不同规格温室内的温度参数后，通过相关方程公式精确计算温室内部的热量需求与不同供暖系统的加热特点，选择适宜的供暖系统进行合理的设计安装。在不影响温室其他性能或影响极小的前提下提高温室的供热能力，保证作物在室外温度极低的情况下也能正常生长。另外，在供暖系统的运行过程中，往往由于人为的不当操作或缺少日常维护导致设备损坏系统故障，影响温室正常生产，同时设备维护成本也给企业带来巨大经济压力。根据不同的加温设备特点，设计一套科学合理的运行管理方案，不仅能够保证设备安全稳定运作，同时也减少了设备维护成本，促进温室高效生产。

3. 施工程序科学性评价

施工过程中，首先根据制定好的安装设计图对加温设备主体进行布置安装，之后进行管线排布。通过电热方式加温并借助风机将产出热能以热风形式送出，以此方式提高温室内空气温度。在夜间，温室内部温度差异较大，从北至南基本每隔三米温度就会下降 3～4℃。但是通过之前对加温设备的布置设计，可以降低温室内部温度差异保证温室各个角落温度基本一致，且满足作物冬季栽培对温度的生理需求。另外，电热暖风机能量转化率高，相对安全。电热加温设备不会排出 CO_2 或其他有害气体，实现温室内 CO_2 含量可控，防止有毒气体泄漏对作物造成毒害。同时，电能是可再生能源，使用电能进行温室加温也符合农业可持续发展的理念。

4. 工程性能评价

从上午 10:00 卷起保温被至下午 17:00，与对照温室相比，室内气温没有明显差异，温室内的温度峰值均达 30℃左右。主要热量来源是太阳能辐射，日光温室内温度较高，晚间无太阳辐射作为能量源，借助电热风炉，20:00 时室温比对照室温平均提高 4.5℃，夜里 2:00 时温室内温度平均提高 4.9℃，日平均温度可提高 4.7℃。在冬季的白天，利用太阳能蓄热日光温室内的温度通常可以达到 30℃以上，基本在 13:00 左右可以达到峰值，之后温度逐渐下降，直至次日揭开保温被后，温度才会再次上升。从作物栽培温度需求与降低加温成本的角度考虑，通常选择在 20:00 进行加温，使温室内温度在夜间也保持在 16℃左右。

5. 工程经济评价

传统观念认为，利用电能加温的成本过高，一般农户无法承受，如果以日耗电量150kW·h、电费0.55元/(kW·h)计算，日电费约为82.5元，但电锅炉采暖具有节能、环保、可控等优势。普通煤燃烧值为2.0×10^{7}J/kg左右，如采用燃煤锅炉供暖，产生0.42GJ热量需燃煤0.03t（锅炉的燃烧效率按70%计），按800元/t计，直接燃料费24元/天，加上燃煤锅炉供暖夜间人员值守的费用按40元/天计，燃煤锅炉的运行费用是64元/天。

6. 总体建议及注意事项

温室加温方式的选择有一个最简单的原则，即投资少、成本低、保障系数高。加温过程中要备用一些易损配件，如水泵、引（鼓）风机、电控部分，不一定非要备用一台锅炉，可以选择两台较小型号的常压热水炉并联使用，外界高温时用一台加温，外界低温时用两台加温，出现故障时可以用一台保温。温室内的暖风机及管道的配置与摆放要合理，出现近处温室温度达到23～24℃以上、远处的温度却只有13～14℃情况时，除了考虑暖风机热量输送距离，以及水泵的扬程、流量的合理性外，还可以采用以下方法解决，即在安装主管道时，能从中间供水两边均分的就采用均分，并且要采用逐级变径的方式增加末端的流速和压力。

若供热管道距离超过150m以上，应考虑采用双回水管路，距离再远则考虑增加一个接力泵进行末端供暖。温室里配备温度自动控制装置，近处的温室达到温度要求时停止散热，把多余的热量送到远处温室，以有效提高温室的加温效果，降低加温费用。在加温系统安装和设计过程中，通过细节的优化也可以减少投资，如暖风机的安装连接采用低进水高回水。如果原来的安装采用了硬连接，必须配备进出水管道、弯头、阀门等管件。可以采用外丝、阀门、弯头、两根耐压橡胶软管连接，两头用卡簧卡死，不用自动排气阀。因暖风机上带有自动排气装置，花钱少，不易漏水，不生锈、非常耐用。

7. 小结

温室设施作为生产性建筑，对供暖系统的设计应该满足以下要求：

① 足够的供热能力，能够在室外设计温度下保持室内所需要的温度，保证温室设施作物的正常生长；

② 采暖系统的一次性投资和日常运行费用要经济合理，保证正常的生产能够盈利；

③ 温室内温度均匀，散热设备遮阳要尽量少，占空间小，设备运行安全可靠。

因此，温室加温系统要综合考虑设施热负荷和装置的加热效率以及安装运行成本，合理设计是高效生产的必要保证。

四、案例总结

（一）学习目标

本案例主要学习温室采暖负荷计算、能量守恒等知识点，通过学习掌握温室冬季加温的主要管理措施和运行方法。

（二）案例知识点分析

本案例主要涉及的知识点包括设施能量守恒、采暖负荷计算等。作物生长发育和开花结果的整个过程需要在适宜的温度条件下才能进行，因此在寒冷的气象条件下，安装运行设施加温系统十分有必要，这也是温室设计、建造和使用的关键问题所在。目前设施中广泛应用的采暖配置方式有热水采暖、热风采暖、辐射采暖和锅炉煤火采暖等，温室加温系统要综合考虑设施热负荷、加热效率以及安装运行成本，合理设计是高效生产的必要保证。设施加温设备应具备足够的供热能力；采暖系统的一次性投资和日常运行费用要经济合理；温室内温度均匀，散热设备遮阳率要低，占用空间小，运行安全可靠。同时，设施加温设备要按规定的技术要求进行操作，这样才能实现装置系统的长期可靠运行。

五、思考题

1. 我国设施一般采用的采暖系统有哪些？
2. 试讲述我国设施不同采暖系统的优缺点。
3. 如何计算温室的热负荷和供暖设备的供热量？

六、本章课程思政教学点

教学内容	思政元素	育人成效
杨凌大学生种苗基地日光温室	工匠精神、生态理念	引导学生了解热风采暖设备的工作原理、运行管理及工程评价要点，掌握温室冬季加温的主要技术措施，培养学生认真严谨的工匠精神，使理解设施加温系统设计所蕴含的生态节能理念

七、参考文献

[1] 马承伟．农业设施设计与建造［M］．北京：中国农业出版社，2008.

[2] 周长吉．现代温室工程［M］．北京：化学工业出版社，2003.

[3] 邹志荣．园艺设施学［M］．北京：中国农业出版社，2002.

[4] 徐刚毅，刘明池，李武，等．电锅炉供暖日光温室土壤加温系统［J］．中国农学通报，2011，27（14）：171-174.

[5] 孙淑钧．温室加温系统及存在问题［J］．中国花卉园艺，2012（04）：48-49.

玻璃温室建造技术

单位：南京农业大学

案例六

设施湿帘降温系统安装与运行管理案例

湿帘是农业设施中使用最为广泛的蒸发降温设备，实际应用中多与负压机械通风系统组合使用，成为湿帘风机降温系统，该系统由轴流风机、湿帘、水泵循环供水系统以及控制装置组成。湿帘可以采用白杨刨花、棕丝、多孔混凝土板、塑料、棉麻或化纤纺织物等多孔疏松的材料制成，但目前应用最多的是波纹纸质湿垫。波纹纸质湿垫采用树脂处理的波纹状湿强纸层层交错黏结成蜂窝状，并切割成80～200mm厚度的厚板状，使用中竖直放置在设施通风口，水由上往下浸润，空气通过时蒸发吸热降温，未蒸发的水分从湿帘下部排到水池，并由水泵送到湿帘顶部进行喷淋，使其通体表面保持湿润。室外空气通过湿帘时，湿帘纸表面的水分蒸发吸热，使空气降温后进入设施内。为使湿帘纸表面保持充分湿润，顶部供水通常远大于蒸发水量，多余未蒸发的水分从湿帘下部排出后集中于循环水池，再由水泵重新送到湿帘顶部喷淋。波纹纸质湿帘通风阻力小、热质交换表面积大、降温效率高，工作稳定可靠，安装使用简便。

本案例选自河北省邢台市南和县设施农业产业集群项目一期的6号温室，根据实际种植情况，测量设施数据参数，确定通风降温需求，并通过相关公式设计设施湿帘降温系统。

一、背景分析

设施环境相较于露地栽培，其空间相对封闭，室内热作用和室内植物等对室内环境的影响容易积累，易产生高温、高湿。我国许多地区夏季气温较高，无法保证室内作物的正常生长。因此，夏季温室生产中如何有效降温是个严峻的问题。

目前，设施降温技术措施主要包括遮阳和通风。设施机械通风一般有进气通风、排气通风和进排气通风。其中排气通风系统又称负压通风换气，效率高，易实现大风量通风，室内气流分布均匀，价格低廉，因此在温室设施中广泛使用。由于在设施内通风阻力较小，因此耗能少、效率高的轴流风机在温室中应用最广。

遮阳和通风都不能直接降低进入室内的空气温度，在夏季很多时候外界环境温度已经超过了作物生长适宜的温度时，仅靠遮阳和通风收效甚微，因此必须增加人工降温装置。人工降温技术一般有机械制冷、冷水降温和蒸发降温等。在农业设施中蒸发降温应用较多，因为蒸发降温价格低廉，蒸发潜热巨大，降温效果好，适用于温室夏季降温。设施湿帘降温系统是调控温室内环境的重要技术手段，其作用主要在于以下方面：

① 排除多余热量，抑制高温。设施采用透明覆盖材料，白天进入大量的太阳辐射，在室外气温较高和日照强烈的季节，密闭的设施内气温可高于外部 20℃以上达到 40～50℃，而通风可以排除室内多余热量，防止室内出现过高气温。

② 补充 CO_2，提高 CO_2 浓度。设施内白昼光照强，因植物光合作用吸收大量 CO_2，造成室内 CO_2 浓度降低，有时甚至降到 150μL/L 以下，无法满足正常的生理需求。通风可以引进空气中的 CO_2（410μL/L），提高温室内 CO_2 浓度，保证作物正常生长。

二、案例阐述

本案例温室宽度为 9.6m/跨×19 跨＝182.4m，长度为 4m/开间×13 开间＝52m，面积为 9484.8m^2。温室为 Venlo 型玻璃连栋温室，檐高 6m，顶高 6.8m，温室结构为热镀锌薄壁钢结构，温室顶部及侧墙采用中空浮法玻璃覆盖，内、外遮阳网，通风天窗及风机和循环水泵的开启均由控制柜控制。风机设有 30 台，均匀布置在温室南侧，每组风机能够由控制柜独立控制运行。每台风机额定风量 44500m^3/h，风机型号为 MXFJ300，规格为 1380 型，功率为 1.1～4.0kW。湿帘安装高度为 0.7m，湿帘墙体高度为 1.8m，总面积为 80m^2，湿帘侧设有 1 个循环水池，埋于地下，并配备循环泵，使水在蓄水池和湿帘之间循环。如图 6-1～图 6-4 所示。

三、案例剖析

1. 温室所需湿帘面积计算

（1）温室冷负荷计算

河北省邢台市夏季空调室外计算干球温度为 35.2℃、湿球温度为 6.9℃。按室

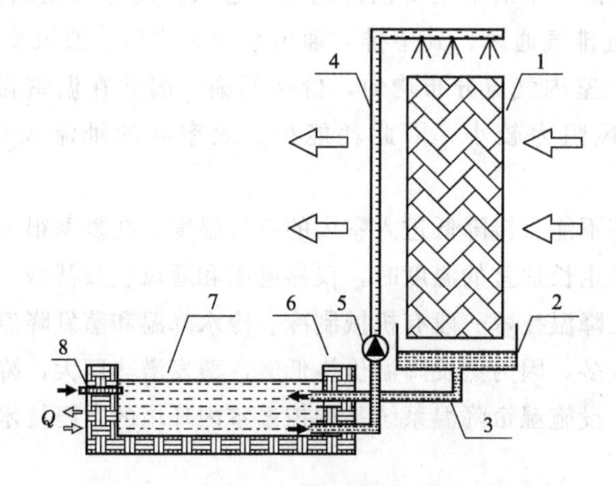

图 6-1　现代温室的湿帘风机降温系统

1—植物纤维填料；2—回水槽；3—回水管；4—供水管；
5—水泵；6—蓄水池；7—低温循环水；8—补水管

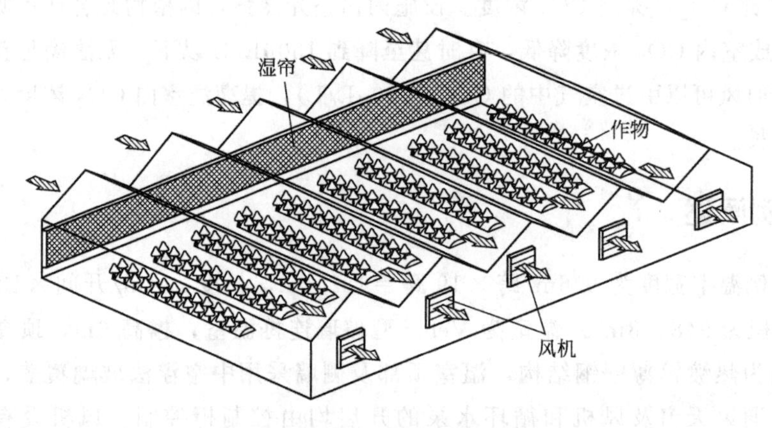

图 6-2　设施湿帘降温系统示意图

图 6-3　连栋温室湿帘风机案例图

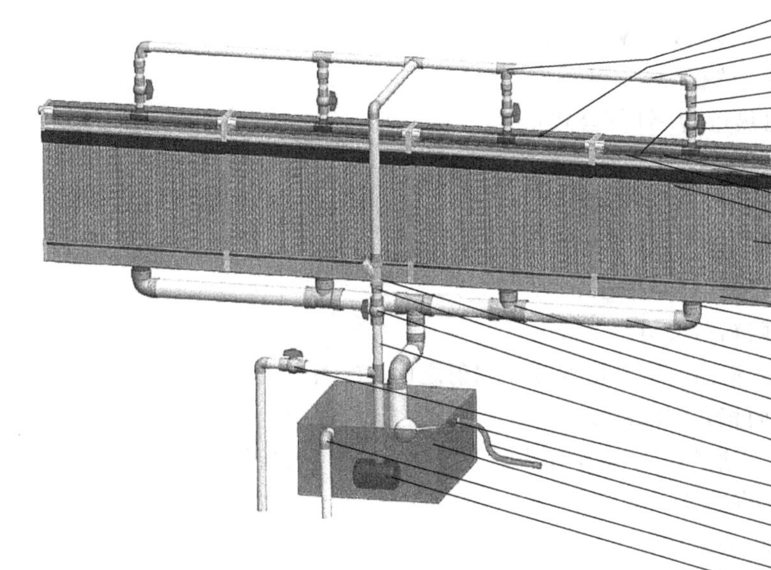
湿 帘 墙
30-ϕ40上水三通
29-半圆形反水板
28-ϕ40上水管
27-ϕ40弯头
26-ϕ32*ϕ40管套
25-喷水管托架
24-ϕ32调节阀门
23-封头
22-ϕ32三通
21-疏水湿帘
20-ϕ32喷水管
19-水帘上部挡板
18-湿帘
17-墙头挡板
16-上下端头塑料堵板
15-上下框架
14-ϕ75回水直通
13-ϕ75回水弯头
12-ϕ75回水管
11-ϕ75回水三通
10-上水过滤器
9-ϕ40螺纹接头
8-ϕ40上水阀门
7-ϕ40上水管
6-泄水排放阀
5-ϕ25浮球阀
4-给水软管
3-储水池
2-溢流水出口
1-1.1kW潜水泵

重锤
百叶
扇叶
流珠轴承
V形皮带
防护网
皮带松紧轮
手动开启功能
电机
电机调整螺栓

图 6-4 湿帘和风机产品图

外设计温度35.2℃、室内设计温度28℃（番茄、黄瓜等植株适宜生长温度）、太阳总辐射照度1021W/m^2（北纬35°，大气透明度等级3级）进行计算，温室无外遮阳，无补光灯。

温室夏季降温所需总冷负荷计算公式：

$$Q=Q_1+Q_2+Q_3+Q_4+Q_5 \tag{6-1}$$

式中 Q——温室所需总冷负荷，kW；

Q_1——太阳辐射热量，kW；

Q_2——人体显热冷负荷，kW；

Q_3——照明冷负荷，kW；

Q_4——围护结构传热，kW；

Q_5——冷风渗透热损失，kW。

其中，太阳辐射热量 Q_1 计算公式：

$$Q_1=\alpha\tau E(1-\gamma)(1-\beta)S \tag{6-2}$$

式中 α——温室受热面积修正系数，1.0；

τ——温室覆盖层的太阳辐射透射率，0.88；

E——室外太阳辐射，W/m^2；

γ——室内太阳辐射反射率，1.0；

β——蒸腾蒸发潜热与温室吸收太阳辐射之比，0.7；

S——温室总面积，9485m^2。

由于温室高效生产期间，室内操作人员较少，而且夏季白天温室不需要照明设施，因此 Q_2、Q_3 忽略不计。

围护结构传热 Q_4 计算公式：

$$Q_4=\sum\mu_i A_i(t_i-t_0)\alpha_1\alpha_2 \tag{6-3}$$

式中 μ_i——温室围护结构的传热系数，W/(m^2·K)；

A_i——温室围护结构传热面积，m^2；

t_i——温室内设计温度，℃；

t_0——温室外设计温度，℃；

α_1——温室结构形式附加修正系数，1.05；

α_2——风力附加修正系数，1.0。

冷风渗透热损失 Q_5 计算公式：

$$Q_5=C_p FV\gamma(t_i-t_0) \tag{6-4}$$

式中 C_p——空气定压比热容，1.03kJ/(kg·℃)

F——温室外界的换气次数，1.0；

V——温室内部体积，$6.069\times10^4 m^3$；

γ——室外温度条件下空气容重，1.164kg/m^3。

t_i——温室内设计温度，℃；

t_0——温室外设计温度，℃。

根据上述公式计算得出，该案例温室降温所需的总冷负荷为2920kW。

(2) 通风量M计算

湿帘风机的产冷量Q_L计算公式：

$$Q_L = M\rho C_p(t_2 - t_1) \tag{6-5}$$

式中 Q_L——湿帘风机产冷量，kW；

M——通风量，m^3/s；

ρ——出风口空气密度，$1.169kg/m^3$；

C_p——空气定压比热容；1.03kJ/(kg·℃)；

t_2——空气通过湿帘后的干球温度，℃；

t_1——空气通过湿帘前的干球温度，℃。

空气通过湿帘后的干球温度t_2计算公式：

$$t_2 = (1-\eta)t_1 + t_{s1} \tag{6-6}$$

式中 t_2——空气通过湿帘后的干球温度，℃；

η——湿帘的换热效率，80%；

t_1——空气通过湿帘前的干球温度，℃。

t_{s1}——空气通过湿帘前的湿球温度，℃；

根据上述公式计算得出，该案例温室降温的通风量$M=365m^3/s$。

(3) 湿帘所需面积计算

本案例中选择的风机规格为1380型，额定通风量为$12.36m^3/s$，风机风速为6.3m/s，湿帘所需面积计算公式为：

$$A_p = L/V_p \tag{6-7}$$

式中 A_p——湿帘面积，m^2；

L——温室实际的总通风量，m^3/s；

V_p——风机的风速，m/s。

根据计算公式计算得出，所需湿帘面积$A=59m^2$。该案例中湿帘实际面积为$80m^2$，远大于理论计算面积，满足设计要求，但是温室湿帘面积设置过大，会增加温室的遮阳，因此湿帘面积稍大于理论计算面积即可。

2. 案例设计评价

本案例中选用的风机单台通风量为$44500m^3/h$，即$12.36m^3/s$，温室中总共设置了30台这样的风机，温室的总通风量为$370.8m^3/s$>温室必需通风量$365m^3/s$，因此该温室的风机设置合理。

3. 湿帘的技术性能参数

湿帘的技术性能参数主要有降温效率与通风阻力，具体数值由各生产厂家提供。对于同一厂家的同类产品，降温效率与通风阻力主要取决于湿帘厚度与过帘风速。湿帘越厚、过帘风速越低，则降温效率越高；湿帘越厚、过帘风速越高，则通风阻力越大。为使湿帘具有较高的降温效率，同时减小通风阻力，一般取过帘风速为1～2m/s。当湿帘厚度为100～150mm、过帘风速为1～2m/s时，降温效率为70%～90%，通风阻力 p 为10～60Pa。

4. 设施湿帘降温系统的安装与调试

（1）风机的安装

根据设施设计方案，在设施湿帘对侧依次安装风机各部件（图6-5）。存在自然风影响时，应增大通风量，按设计通风量的110%～115%实际安装。选择风机和数量时，一是考虑总风量应该满足设计需求，同时为使室内气流分布均匀，风机间距不能太大，一般不超过8m。尤其是进出风口距离较短时，风机间距应该更小一点。同时，通风系统需满足设施一年不同季节、一天之内不同室外气象等方面条件下，需要方便调节风量。风机单台风量不宜过大，数量应该合理设计，以满足不同季节和不同天气下温室设施内通风需求。由于湿帘系统工作时湿度较大，应考虑各个设备的防潮、防腐蚀。

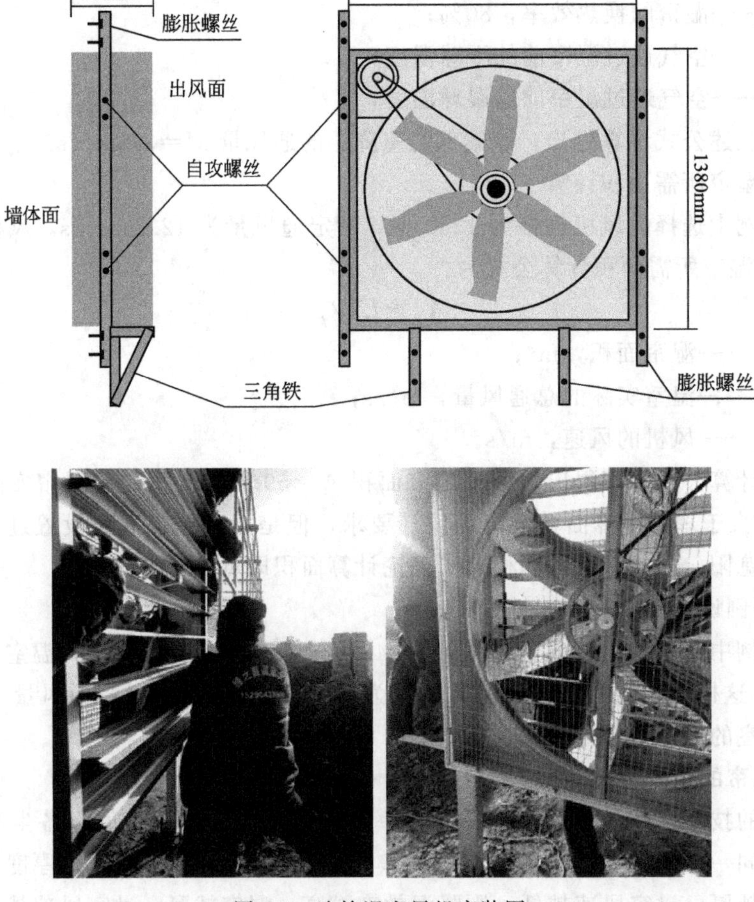

图6-5　连栋温室风机安装图

设计时，风机和进风口距离一般在 30～60m 之间，距离过小会导致通风效率降低，距离过大会导致降温效果降低。另外设施内作物会增大设施内风阻，设计时需要适当增加风机功率。

(2) 湿帘的安装与调试

根据温室设计方案，在设施北侧（减少湿帘随温室设施的遮光）依次安装各个分部件（图 6-6），并采用角铁架和螺栓进行设备固定，湿帘与角铁架间垫橡胶防振，且所有缝隙均用玻璃或水泥砂浆密封。安装好后，根据说明书进行调水测试。

图 6-6 连栋温室湿帘安装图

5. 设施湿帘降温系统运行管理

① 在使用前，检查机组周边及进风口有无阻碍物，检查设备是否完好。

② 在使用时，湿帘开启和关闭时需要保证风机开启，否则湿帘无法发挥设计功能，风机可单独使用进行设施内的通风换气。

③ 为防止冻结损坏机体及蚊虫滋生，长时间停用时，应停止进水，并切断电源。机组使用时间较久时，应保证机组安装牢固，如果存在隐患应立即进行维修。

④ 设施湿帘降温系统在使用中要仔细检查进水管、排水管是否连接良好，否则容易出现渗漏。

⑤ 设备运行过程中，不能对设备及配件进行拆解，如维修、保养机器应先切断电源，否则可能导致机器损坏甚至人员伤亡。

⑥ 机组接线应正确且牢固，避免重压、拉伸等对线路造成损害。

⑦ 风机功率较大，转速较快，在运行期间不易靠近。

6. 湿帘降温系统在我国各地的实用性分析

据有关资料报道，在我国西北地区，夏季白天气温较高，相对湿度常在 30%

左右。空气经过湿帘后温度可降低15℃以上。在黄河流域以北地区，夏季相对湿度在40%～50%，过帘后温度可降低近10℃。在北方地区湿帘降温7～10℃，降温效果均是显著的。在长江流域以南及东南沿海一带，夏季高温天气一般可降低4～7℃，即使在相对湿度较高的上海、广州等高温高湿地区，湿帘降温系统仍具有实用价值。因为对一个地区而言，空气中的绝对含湿量是相对稳定的，而昼夜温度的变化及相对湿度变化幅度很大，亦即在最需要降温的正午恰具备相对湿度低的蒸发必要条件。这就为湿帘的应用拓宽了地域，不仅干燥地区可用，沿海潮湿地区也可应用。只要昼夜有相当温差，湿帘就会有相应降温效果。

7. 湿帘冷风机使用维修

湿帘冷风机适用于70～150m^{2}的房间降温。风机和水泵的电路宜集中控制，控制开关应装在室内。冷风机使用前，应确保湿帘和水池中无杂物，每年清洗1～2次；冬季不用时，将池内水放净，用塑料布把箱体包扎好，以免杂物进入机内。加入池中水应为清洁水，以保持管路畅通和湿帘的高效率。如发现湿帘供水不足或不均时，要检查池中是否缺水（池中浮球阀能自动补水和断水），水泵是否运转以及供水管路和水泵入水口，尤其是喷水管路上的小孔有否堵塞，检查喷水管路是否位于湿帘的正中。

8. 湿帘风机系统的安装和使用注意事项

① 注意温室的整体密闭性，特别是湿帘与湿帘箱体、湿帘箱体与山墙、风机与山墙的设计安装是否存在缺陷，否则会导致室外热空气渗透，影响系统降温效果。

② 经常检查供水系统，确保其正常安全运行。尤其是水质的安全，供水系统使用清洁水源，不能使用含藻类和微生物含量过高的水源，水的酸碱性要适中，导电率要小。其次要检查系统的各组成部分，过滤器要经常清洗，水池要加盖并定期清洗，水池的设计必须把回流的循环水分隔，只有经过过滤后才能循环使用。

③ 及时检查湿帘的水流及分布情况。水流必须细小而且沿湿帘波纹缓慢下流，整个湿帘必须均匀浸湿，没有干带或部分集中的水流。系统初运行，如发现湿帘部分区域有水流喷射现象，多为湿帘纸质表面带有毛刺造成，可用手掌来回轻扶即可解决。如在运行过程中还是发现水流喷射、干带或集中水流，多为供水系统设计不合理或供水压力不当引起，应重新设计供水系统或调整供水系统压力。

④ 日常使用应先停止供水，保持风机运行至湿帘彻底晾干。整个系统停止运行后，还应检查湿帘箱底部回流水槽积水状况，避免湿帘底部长期浸在水中，引起纸质霉变，减少使用寿命。系统设计安装正确，底部不应有积水。

⑤ 湿帘表面如有水垢或藻类形成，应在彻底晾干后，用软毛刷沿波纹上下轻刷。然后可用供水系统适当调高压力进行冲洗。每年夏季启封使用也应检查湿帘缝隙中的杂物，用软毛刷清除。如发现湿帘出现缝隙应挤紧，缝隙过大时应加补。冬季停止使用，应在确保湿帘干透后用薄膜在湿帘四周用卡槽封住。

9. 小结

湿帘风机降温系统利用水在空气中蒸发，从空气中吸收蒸发潜热，水的蒸发潜热大，降温效果明显。同时蒸发降温的空气热力学过程为绝热加湿过程，最理想状态下，空气温度可降低至湿球温度。因此蒸发降温效果不仅与降温设备的效率有关，还与气候条件有关。天气越干燥，干湿球温差越大，降温效果越好；反之，降温效果较差。

四、案例总结

（一）学习目标

本案例主要学习设施的通风降温知识，掌握温室夏季通风降温的主要管理措施和运行方法。

（二）案例知识点分析

1. 湿帘降温系统的组成及设计

湿帘降温系统由风机、湿帘、水泵循环供水系统及控制装置等组成。湿帘可用木材刨花、塑料、纤维纺织物等多孔疏松材料制成，但最常用的是波纹状湿墙纸，使用中竖直放置在设施通风口，水由上往下浸润，空气通过时蒸发吸热降温，未蒸发的水分从湿帘下部排到水池，并由水泵送到湿帘顶部进行喷淋。

轴流风机的叶片倾斜与叶轴线呈一定夹角，叶轮转动时，叶片推动空气沿轴轮轴线方向流动。其性能特点是通风流量大，压力低，阻力小。

2. 明确实际需求，设计设施湿帘降温系统

① 确定设施类型、种植情况，并测量设施数据参数。确定通风降温需求，明确设计要求。

② 确定该设施的光照强度和外界环境温度等气象参数以及设施内环境参数，计算湿帘风机进出风口设计温度，并计算夏季必需通风量。

计算室外空气经湿帘风机进入室内温度：

$$t_j = t_o - \eta(t_o - t_w) \tag{6-8}$$

式中 t_j——空气进入温室内的温度，℃；

η——湿垫降温效率，80%；

t_o——室外干球温度，℃；

t_w——室外湿球温度，℃。

计算排风温度：

$$t_p = 2t_i - t_j \tag{6-9}$$

式中 t_p——排风口温度，℃；

t_i——温室中平均温度，℃；

t_j——空气进入温室内的温度，℃。

计算必要通风率：

$$L_0=\frac{a\tau E_0(1-\rho)(1-e)-KW(t_i-t_o)}{c_p\rho_a(t_p-t_j)} \tag{6-10}$$

式中 L_o——必要通风率，[$m^3/(m^2 \cdot s)$]；

a——温室受热面积修正系数；

τ——温室覆盖层对太阳辐射的透过率；

E_0——室外水平面太阳总辐射照度，W/m^2，数据参考相关纬度资料；

ρ——室内对太阳辐射的反射率；

e——蒸腾蒸发吸收潜热与室内吸收的太阳辐射之比；

K——全部覆盖的平均传热系数，$W/(m^2 \cdot ℃)$；

W——温室覆盖表面面积与地面面积之比；

c_p——空气的定压质量比热容，$J/(kg \cdot ℃)$；

ρ_a——室内空气密度，kg/m^3。

③ 根据风机的功率和通风量选用风机，装配总风量 $L \geqslant$ 必要通风量 L_0。

湿帘面积计算：

$$A_p=L/v_p \tag{6-11}$$

式中 A_p——湿帘面积，m^2；

L——必要通风量，m^3/s；

v_p——通过湿帘的风速（简称过帘风速），m/s。

供水量计算：

$$L_w=n_wE=n_w \times 0.46(t_o-t_j)L \tag{6-12}$$

式中 L_w——供水量，kg/h 或 t/h；

n_w——水循环系统中供水量相当于蒸发水量的倍数，无单位符号；

E——水循环系统中的蒸发水量，kg/h 或 t/h；

t_o、t_j——分别指空气经过湿帘降温前后的气温，℃；

L——必要通风量，m^3/s。

循环水池的容积计算：

$$V=n_vA_pB_p \tag{6-13}$$

式中 V——循环水池的容积，m^3；

n_v——修正系数，无单位符号；

A_p——湿帘面积，m^2；

B_p——湿帘厚度，m。

必要通风量计算：

$$L=A_sL_0 \tag{6-14}$$

式中 L——必要通风量，m^3/s；

A_s——温室面积，m^2；

L_0——必要通风率，$m^3/(m^2 \cdot s)$。

五、思考题

1. 温室设施在什么情况下应用湿帘风机降温系统效果最好？
2. 如何确定设施的必要通风量？是否越大越好？
3. 比较湿帘风机设备和机械制冷设备安装运行成本。

六、本案例课程思政教学点

教学内容	思政元素	育人成效
河北省邢台市南和县设施农业产业集群项目6号温室	工匠精神、创新思维	引导学生了解设施湿帘降温系统的工作原理、设计依据、安装调试及运行管理要点，要因地制宜地根据不同区域的气候特点进行湿帘降温系统设计与评价，充分体现工匠精神和创新思维的结合

七、参考文献

[1] 刘雪丽，付友生，刘新亮．降温技术在温室夏季生产中的应用［J］．农业工程技术，2019，39（22）：17-22.

[2] 马承伟．农业设施设计与建造［M］．北京：中国农业出版社，2008.

[3] 杨涓，万欣．温室降温系统问题浅析［J］．北方园艺，2019（18）：58-65.

[4] 王建鹏．湿帘的使用方法与保养［J］．养猪，2012（04）：36.

[5] 周长吉．现代温室工程［M］．北京：化学工业出版社，2003.

[6] 邹志荣．园艺设施学［M］．北京：中国农业出版社，2002.

[7] 刘佳，李旭，王朝栋，等．玻璃连栋温室正压通风降温系统的设计与试验［J］．中国农业大学学报，2020，25（1）：152-162.

温室湿帘降温系统案例

主讲人：李建明

单位：西北农林科技大学园艺学院

案例七

日光温室保温被系统构成案例分析

我国的节能型日光温室是以太阳能为主要能量来源的温室，一般由透光前坡、外保温被、后屋面、后墙、山墙和操作间组成。基本朝向为坐北朝南、东西向延伸。日光温室的保温材料由保温围护结构和活动保温材料两部分组成，适合于冬季寒冷但光照充足的地区反季节种植蔬菜、花卉和瓜果时使用。日光温室是我国独有的农业设施，具有鲜明的中国特色，其特点是太阳能利用率高、保温性好、土地利用率高、投资少、节约能源。

日光温室在遇到寒流或连阴（雪）天，因光照不足而失去热源和光源时，室内的光照和温度、湿度环境不适合植物生长，轻则减产，重则绝收，造成不同程度的经济损失。因此，在这种情况下，保温设施显得尤为重要。理想的保温被应具有传热系数小，保温性好，重量适中，易于卷放，防风性、防水性好，使用寿命长等优点。

本案例位于陕西省咸阳市杨凌区西北农林科技大学北校园艺场科研温室。

一、背景分析

随着设施农业技术的日臻成熟，我国的日光温室数量持续增加。虽然日光温室在白天可以利用温室的后墙进行能量的收集，但是在寒冷季节的夜间，温室内的热量会逐渐向室外散失。整个日光温室结构中，围护结构的散热量是最大的，尤其是前屋面薄膜覆盖部分的散热量是整个温室热损失较大的部分。人们最开始利用草帘和草毡等对温室前屋面进行覆盖，虽然草帘和草毡价格便宜，但是其笨重，卷放费工、费力，被雨雪浸湿后，既增加了重量，又使保温性能下降，而且对薄膜污染严重，容易刮破棚膜和降低透光率，使用期限短。因此，为应对以上的不足之处，人们开始采用保温被，以此来代替传统的温室覆盖材料。

与传统的草帘等相比，保温被系统有较长的使用寿命和较好的保温性能，其优点如下：

① 保温性能好，可以使温室内的温度提高3～5℃，且其保温效果可持续性好。

② 与传统的草帘等保温材料相比，保温被具有体积小、重量轻、易收放等特点。

③ 保温被由无纺布制成，接头连接密实，能够承受较强的拉力和压力，使用寿命长。

④ 保温被外层采用了无纺布，缝制而成，本身有一定的自净能力，能够防止灰尘、杂质进入内层，并且不影响透光强度，促进了作物的光合作用，提高了产量。

⑤ 传统的草席在编制后，使用过程中会产生毛刺，在收放的过程中容易扎破大棚塑料，而新型的无纺布制作的保温被表面平整，质地柔软，不会损坏大棚薄膜。

⑥ 保温被采用优质化纤和化学纤维制作，对表层进行了专业的抗辐射处理，在特定的酸性、碱性环境中腐蚀程度轻、速度慢，因此可以长时间保存，不变质。

保温被系统的主要作用：减少温室内热量散失，避免低温冻害。温室采用透光性能较好的覆盖材料，白天大量的有效太阳辐射进入，使得温室内的温度提高，但是在寒冷季节，到了夜间，由于室外温度的急剧下降，使得室内外温差变大，导致了温室内温度的下降，此时通过保温被的覆盖就可以防止温室内热量的过度散失，避免对植物产生低温冻害。

二、案例阐述

本案例选自西北农林科技大学北校区园艺场课程教学实习基地的一座日光温室，日光温室坐北朝南，为东西走向，长52m，跨度8m，脊高3.5m；后墙采用黏土砖砌筑而成，高2.2m、厚1.0m，外表面附有一层10cm厚的聚苯板用于墙体外保温（图7-1～图7-10）。

图7-1　中卷保温被系统实际案例图

图 7-2　本案例温室

图 7-3　保温被控制系统

图 7-4　侧置式保温被卷放系统

图 7-5　中置式保温被卷放系统

(a) 地面上的换向轮

(b) 反拉绳布置全貌

(c) 反拉绳在卷绳轴上安装

(d) 卷帘机械

图 7-6　电动拉绳保温被卷放系统

图 7-7　日光温室内保温被系统图

图 7-8　保温被系统减速电机示图

图 7-9　日光温室外保温被系统图

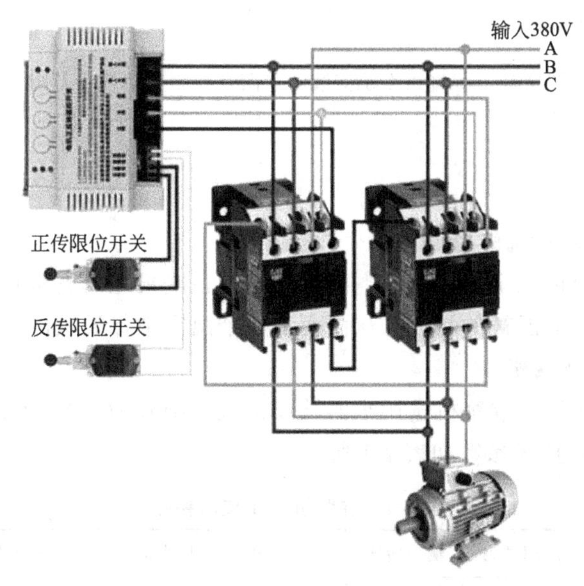

图 7-10

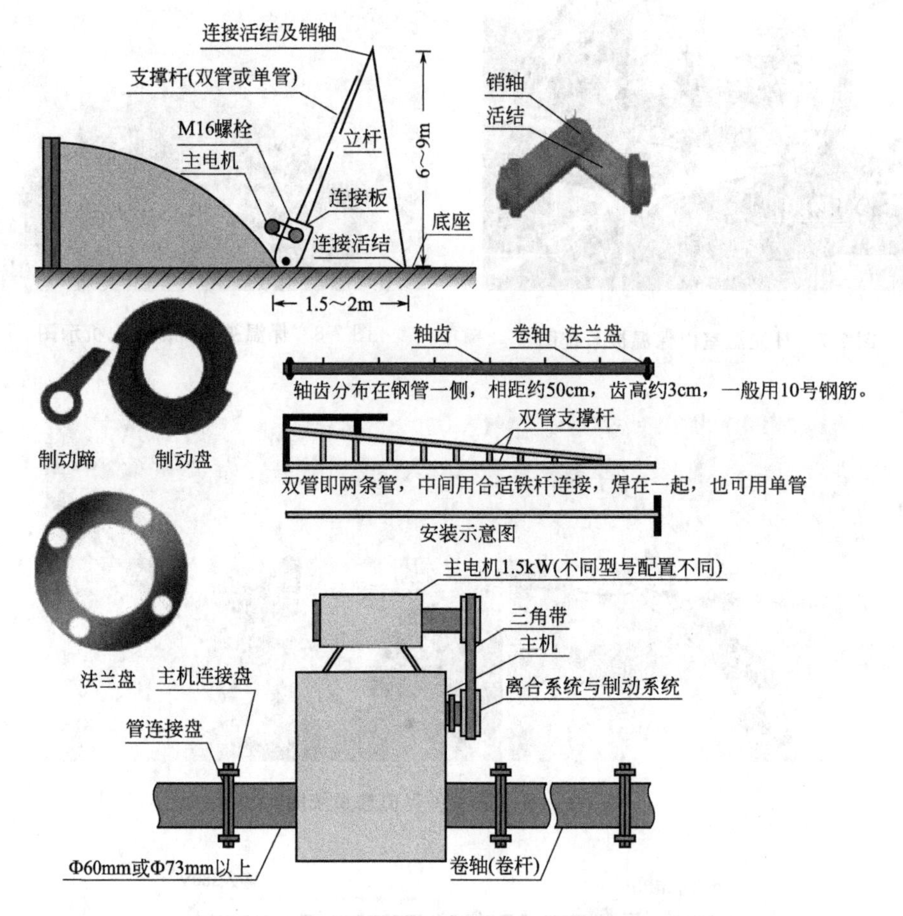

图 7-10　保温被系统安装示意图及控制柜接线示意图

三、案例剖析

1. 温室保温被系统的原理

日光温室保温被系统利用减速电机带动连接在电机上的卷被杆进行正反转，以此来控制卷被杆对保温被的卷铺，从而实现整个温室中保温被的开启和关闭。

2. 温室设备及规格

温室卷帘机规格：卷帘机选用小四轴卷帘机，型号为 HY—C502，其卷起质量为 2t。卷帘机主要技术参数如表 7-1 所示。

表 7-1　卷帘机主要技术参数

主机型号	传动比	配用动力	输出转速	最大输出扭矩	主机质量	外形尺寸(高×宽×厚)
HY-C502	700∶1	1.1kW	2.84r/min	3000N·m	≈32kg	400mm×260mm×160mm

温室保温被规格：上下 PE，中间为毛毡内芯，单位面积质量 1.2kg/m^2，为复合保温被，其绝热效果好，导热系数仅为 0.038W/(m^2 · K)。

温室卷杆规格：热镀锌圆钢管 DN50mm×3.0mm。

保温被起着阻止温室夜间向外散热的作用，应选用保温效果好、防水性能好、耐用性好的保温被。保温被一般是从温室前底角处开始安装，单位面积质量在 1kg/m^2 的保温被，建议中间的卷轴用 DN50 的钢管；单位面积质量在 2kg/m^2 以上的保温被，卷轴的直径也要相应增加。本案例温室选用单位面积质量 1.2kg/m^2 的保温被，卷杆采用 DN50 热镀锌圆钢管，伸缩杆采用 DN63 热镀锌圆钢管。在卷帘机方面，目前有后置上拉式、前置卷轴上推式（中置式）、侧置卷轴上推式和轨道式四种类型，其安装方式各不相同。要根据温室的长、宽、高和保温被的单位面积质量，选择适宜的安装方式和功率匹配的卷帘机类型。该日光温室保温被系统采用中置式，通过温室控制系统进行控制，由保温被、卷帘机、卷被杆和卷帘机伸缩杆组成，通过卷帘机的正反转来实现温室保温被的开、关。

保温被系统由保温被、减速电机、卷被杆、控制装置等组成。

保温被由朝外面料、芯材和朝内面料组成，朝外面料一般选用的是淋膜无纺布、淋膜军用基布、珍珠棉复合黑色 PE 编织布等防水材料，芯材选用的是喷胶棉、化纤棉和微孔发泡材料等保温隔热性能较好的材料，朝内面料选用的是具有一定拉伸强度的强力无纺布。

减速电机是指减速机和电机的集成体。这种集成体通常也可称为齿轮马达或齿轮电机。减速电机主要由驱动电机和减速器组成，减速电机的特点是效率高、可靠性强、工作寿命长、维护简便、应用广泛等。它的级数可分为单级、两级和三级齿轮减速电机。

卷被杆是连接减速电机的一根转动轴，在减速电机开启时，电机带动卷被杆转动，以此来实现保温被的卷铺，卷被杆一般为圆柱形的钢管，根据温室的大小选择卷被杆的粗细和壁厚。

控制装置控制保温被系统的减速电机正反转，以此来实现保温被在日光温室屋面的卷铺；其中在温室的屋顶和温室前屋面底端安装限位开关来防止保温被系统出现过卷或卷翻的问题。

3. 日光温室保温被系统的安装与调试

（1）安装前的准备

① 安装前需要提前选择配套、合适的大棚保温被卷帘机，目前市面上的卷帘机大致分为小四轴卷帘机、大四轴卷帘机、小五轴卷帘机、大五轴卷帘机、中五轴卷帘机等。每种型号的承重性能和安装位置不同，因此要根据日光温室具体的尺寸来进行准确的选择。

② 需要准备压被沙袋和一条与大棚保温被同样长的尼龙绳，放置在大棚东西两侧的墙体附近，防止大棚保温被跑偏。

③ 购买卷帘机横卷杆时要注意固定螺母的位置，每隔 0.5m 就要固定一个，这样穿钢丝才可以固定大棚保温被。

（2）日光温室保温被系统的具体安装方法

A. 保温被的安装

① 画测量线，可以选择用米尺作为辅助工具，确定安装保温被的位置，间隔距离为 10cm。

② 保温被安装的间距一般也在 10cm 左右，需要将保温被下的尼龙绳固定在大棚的横向拉杆上，上端固定在钢丝上。在使用大棚保温被的过程中，如果出现卷偏的现象一定要及时调整，否则会覆盖不全面。大棚保温被安装好之后，使用大棚保温被上的连接绳或者粘带将保温被连接成一体。

③ 大棚保温被覆盖后，需要将其中的一端固定在墙顶中央，但不要完全覆盖，使墙顶向北有一定倾斜度；可以用完整防水油布（纸）覆盖，有利于雨水排放，以免浸湿保温被。

④ 大棚保温被的底端易接触地面，要及时清除地面积水，保证保温被的干燥程度，延长使用寿命。也可以在保温被和地面接触的地方放置旧草苫或旧保温被，阻止大棚保温被和地面接触。

⑤ 以上步骤完成后，需要在大棚的东西墙体搭压 30cm 宽的保温被，用压被沙袋压好，增加保温效果。

B. 减速电机的安装

① 预先焊接各种连接活动结、法兰盘到管上；根据棚长度确定横杆强度（一般 60m 以下的棚用壁厚 3.5mm 的 2 寸[1]高频焊接管；60m 以上的，除两端各 30m 用 2 寸管外，主机两侧用直径 2.5 寸的高频焊管）和长度；焊接管轴的轴齿；如需要双管立杆的，焊接双管。

② 将电机固定在主机上，装好皮带。

③ 将保温被从大棚中间向两边依次放下，下边对齐，在每条保温被下铺一条无松紧的绳子。

④ 在棚前正中距棚 1.5～2m 处挖坑埋设地桩。

⑤ 连接立杆与主机，横杆铺好备联。

⑥ 从中间向两边连接机杆即卷轴。

⑦ 将保温被下绳子固定到轴齿上。

⑧ 连接倒顺开关、限位开关及电源。

⑨ 试机，将卷帘机卷至棚顶，观察保温被平行度，然后放下至地面，在卷慢处（试机过程中，保温被从上往下卷时，到一定位置后卷速会降低，通常在卷得慢处垫些旧草帘或废旧保温被等材料以调节卷速）垫些废旧保温被等材料，然后卷

[1] 1 寸≈3.33cm。

起，直至卷如一条直线。

（3）日光温室保温被系统的维护

① 保温被在日常的运输过程中，应轻拿轻放、严禁拖拽，避免造成不必要的损坏。

② 在雨季结束后及时撤下日光温室防水保温被，将其放到阳光充足且干燥的地方进行日晒，否则容易被雨水浸泡，不利于保温被的保养和维护。

③ 不用时，将温室保温被晒干后再卷起存放，注意要在开阔干燥的地方存放，也要避免长时间的暴晒。

④ 日光温室保温被覆盖后当遇到雨雪天气时要及时清理积雪和雨水，以延长保温被的使用年限。

⑤ 若不小心将保温被撕裂，应将其晒干后缝合卷起存放，避免雨雪天气对撕裂处造成二次伤害。

4. 设计原理评价

近年来，在一些高寒地区，为了进一步提高日光温室的保温性能，相关机构研究开发了多层保温系统，包括双膜双被保温系统、双膜单被保温系统等。其共同的特点是增设内拱杆（架）、配置内保温被。在保留外层透光塑料薄膜和保温被的基础上增设内拱杆配置保温被和保温膜可形成双膜双被保温系统，在内拱杆上仅配置保温被与外膜、外保温被结合即形成单膜双被保温系统。在一些多雨雪的地区，为了避免保温被被雨水浸湿而保温性能降低，也有的生产者完全取消外保温被，或者说将外保温被内置，与外表面围护透光塑料膜组合可形成双膜单被保温系统或单膜单被内保温系统。这些措施对提高日光温室的保温性能都起到非常积极的作用，因此也得到了较大面积的推广应用。

日光温室保温被系统是通过调控温室空间的热量，在低温季节尽可能地留住室内空间热量的有效管理措施。温室都具有良好的太阳辐射透过性，进入温室的太阳辐射，通常会被室内各种表面吸收后转变成长波热辐射，其大部分会留在室内，加热室内空气，提高空气温度，从而形成良好的温室热环境。各种散热途径导致日光温室的热量损失较大，保温能力变差。即使是气密性非常好的日光温室，夜间室内气温最多也只能比外界气温高 2～3℃。而覆盖各种保温材料是增强农业设施升温保温能力的有效措施。保温被系统的选择对温室的温度、种植物的产品质量和产量都会有影响，同时也会影响生产经营者的经营成本，甚至对区域环境也起着不容忽视的影响。

5. 施工程序科学性评价

施工过程中，首先是保温被的安装，确定安装位置后将保温被的尼龙绳固定。使用过程中，若出现偏卷的现象要及时调整，否则会出现覆盖不全。将保温被连为一体覆盖后，将一端固定在墙顶中央，但不要完全覆盖，使墙顶向北有一定倾斜度；可以用完整防水油布（纸）覆盖，有利于雨水排放，以免浸湿保温被。大棚的东西墙体需用沙袋压好，增加保温效果。易与地面接触的底端要保持干燥，也可以在保温被和地面接触的地方放置旧草苫或旧保温被，阻止大棚保温被和地面接触。

然后是减速电机的安装，在承重骨架安装就位后，上后坡之前，先把机架和大轴支架焊在骨架上，要求机架与大轴支架在同一铅垂面内，机架在温室长度的中央，保证大轴的扭矩均衡。待后坡完工后安装卷帘机和大轴，在卷帘机大轴支架后部侧面焊一根 3/4 寸钢管，以便固定压膜线、保温被及其卷绳等。

6. 工程性能评价

根据已有工程实例表明，配备保温被并配套主动蓄放热系统的新型温室，通过测定温室内环境相关指标，并与对照普通温室对比，发现新型温室结构在冬季栽培生产中具有一定的优势。空气温度变化均值：新型温室平均为 16.40℃，普通温室 14.07℃，新型温室较普通温室提高 16.56%。新型温室土壤温度月变化均值为 16.51℃，普通温室为 8.19℃，新型温室可有效提高温室土壤温度均值 8.32℃，土壤温度变化相对于空气温度变化更稳定，更能反映新型温室比普通保温效果好。针对冬季主要考察保温性能特点，新型温室可有效提高温室内空气温度、土壤温度，比普通温室更具优势。

温室夜间覆盖对温室保温至关重要，在冬季气温较暖的地区一般以草帘覆盖；在寒冷地区以纸被（4～6 层牛皮纸）和草苫双层覆盖；在严寒地区多以棉被和轻质保温被覆盖。一般稻草苫保温效果为 6～10℃；4 层牛皮纸被保温效果为 5～7℃；1mm 的 PVC 膜保温效果为 2～3℃，室内小拱棚保温效果 3℃。

7. 总体建议及注意事项

保温被在日常的运输过程中，应轻拿轻放、严禁拖拽，避免造成不必要的损坏。在雨季结束后及时撤下日光温室防水保温被，将其放到阳光充足且干燥的地方进行日晒，否则容易被雨水浸泡，不利于保温被的保养和维护；当遇到雨雪天气时，要及时清理积雪和雨水，以延长保温被的使用年限。温室保温被不用时，应将其晒干后再卷起存放，注意要在开阔干燥的地方存放，也要避免长时间的暴晒。若不小心将保温被撕裂，应将其晒干后缝合卷起存放，避免雨雪天气对撕裂处造成二次伤害。

8. 小结

日光温室保温被系统利用保温被将温室前屋面覆盖，减少了夜间温室内热量的散失，同时保证了温室内夜间作物生长所需的适宜环境，使得作物可以在严寒季节进行正常的种植生产。

四、案例总结

（一）教学目标

本案例主要学习日光温室结构、保温被构成等知识，增加对保温被系统的构成及安装方式的基本认识。

（二）案例知识点分析

现有的保温被系统与传统的草帘覆盖方式相比，具有较高的保温性和防水性，且不对温室屋面造成污染和伤害。随着保温被系统的推广与应用，人们逐渐用保温被系统来取代传统的草帘覆盖方式。保温被系统的优势在于采用了机械传动的方式来对温室覆盖的保温材料进行卷铺，减少了劳动成本的投入，使得保温被的卷铺更加便捷，而且使保温被在温室屋面的覆盖更加严实。

五、思考题

1. 日光温室保温被系统相较于传统草帘覆盖的优势有哪些？
2. 保温被系统在使用过程中可能遇到的问题有哪些？应该怎样解决？

六、本案例课程思政教学点

教学内容	思政元素	育人成效
西北农林科技大学北校区园艺场科研温室	工匠精神、生态理念	引导学生了解日光温室结构、保温被构成及保温原理，使学生对保温被系统形成较为全面的认识，培养学生敬业的工匠精神，在设施保温系统日常管理中深化生态节能理念

七、参考文献

[1] 周长吉．周博士考察拾零（九十六）日光温室卷帘机的创新与发展［J］．农业工程技术，2019，39（25）：34-41.

[2] 张放军，陈海珍．日光温室保温被的发展现状分析与进展［J］．纺织导报，2011（01）：73-76.

[3] 陈海珍，张放军，楼杰．新型农用保温被结构设计与保温性能研究［J］．产业用纺织品，2010，28（12）：12-16.

[4] 马承伟，王平智，赵淑梅，等．日光温室保温被材料及保温性能评价［J］．农业工程技术，2018，38（31）：12-16.

[5] 陈巧丽．关于温室大棚保温被技术要求的探讨［J］．农业开发与装备，2014（02）：75，79.

[6] 陈青云．农业设施设计基础［M］．北京：中国农业出版社，2007.

[7] 张天柱．温室工程规划、设计与建设［M］．北京：中国轻工业出版社，2010.

温室遮阳系统案例

主讲人：李建明

单位：西北农林科技大学园艺学院

案例八

设施遮阳系统安装与运行管理案例

园艺设施内热量主要来源于太阳辐射，除加温温室外，所有保护设施白天都依靠太阳辐射而增温。白天太阳光线（波长 295～2500nm）通过玻璃、薄膜等透明覆盖物入射至设施内，使得地面获得太阳辐射能量，通过传导逐渐提高土壤温度。当气温低于地温时，地面会释放热量提高地表面之上的气温，使得园艺设施内获得或积累太阳辐射能，从而使保护地内气温高于外界气温。

在我国北方地区，夏季太阳高度角较大，此时设施内气温远高于作物生长适温，需要降温用以保护作物的正常生长发育。而冬季太阳高度角偏低，就需要一定的保温系统来提高设施内温度。目前，内外遮阳系统在设施农业领域的应用已经非常广泛。其中外遮阳系统是我国所特有的，根据我国特有的纬度、季节条件、气候条件，绝大多数温室都是内外遮阳结合使用的，能够在高温季节或光照过强的时候最大程度地保障温室内作物生长。

遮阳系统在温室中的应用可以追溯到 20 世纪 70 年代，当时由于石油等燃料价格的上升，西方种植者开始尝试在温室内顶部覆盖保温帘以减少室内热量的损失，降低加温费用。到了 20 世纪 80 年代，种植者不仅将保温帘幕用于温室夜间保温，而且用于白天的遮阳降温，帘幕的材料也由尼龙、无纺布发展到目前的塑料编制幕和缀铝遮阳保温幕。

本案例为西北农林科技大学南校区科研温室、山西农业大学园艺学院科研温室。

一、背景分析

遮阳网已经成为我国多数地区解决夏季温室环境调控问题所必备的设施，按设置部位不同分为外遮阳与内遮阳两种类型。

外遮阳是在温室外覆盖遮阳网。外遮阳将部分太阳辐射遮挡在室外，同时遮阳网自身吸收热量散发在室外，因此其降温效果优于内遮阳。内遮阳采用与外遮阳不同的材料，内遮阳采用可以有效反射太阳辐射的铝箔或镀铝薄膜条，可以将进入温室的部分太阳辐射反射到室外，达到降温的目的。内遮阳的优点是在冬季又可兼作保温幕使用，因此适合我国北方冬季保温和夏季降温并重的地区。

现在设施中主要应用的拉幕系统有齿轮卡条拉幕系统和钢索拉幕系统。齿轮卡条拉幕系统是温室拉幕机的一种，其主要的传动部件为齿轮齿条机构，利用齿轮齿条机构将驱动电机的旋转运动转化为齿条的直线运动，实现遮阳网或保温幕的展开或者收拢。其主要特点是传动平稳可靠、传动精度高。但由于受齿条长度和安装方式的限制，对于大于 5m 或安装条件受限的场合不适用。钢索拉幕系统是温室拉幕机的另一种，其主要的传动部件为换向轮和缠绕在驱动轴上的闭合驱动钢索，利用钢索和换向轮将驱动电机的旋转运动转化为钢索的直线运动，实现保温幕的展开或收拢。其特点为传动形式简单，造价低廉。它不受安装方式的限制，使用场合灵活，尤其适合外在形式较大、安装条件受限的场所。

二、案例阐述

（一）案例一

案例一选自西北农林科技大学南校区纹络式智能科研温室（图 8-1），温室结构为热镀锌薄壁钢结构，温室顶部及侧墙采用中空浮法玻璃覆盖，内、外遮阳网与通风天窗以及风机的开启均由控制柜控制。温室东西跨度 24m、南北跨度 75m，总面积为 1800m²。温室采用外遮阳系统，遮阳系统的遮阳面积为 1800m²，安装在室外的温室骨架上，室外温室骨架也采用热镀锌薄壁钢，其中遮阳系统通过控制柜进行控制，当遮阳系统开启时可以使温室内的温度降低 4～5℃。外遮阳系统主要由外遮阳骨架、电动减速机、外遮阳幕布、托幕线、压幕线、传动轴、拉幕齿轮齿条、齿条推拉杆、支撑滚轮、驱动边铝合金型材、定位卡簧、配重板以及相应连接附件等组成。其传动原理是驱动轴与减速电机、齿轮相连，当减速电机输出轴转动

图 8-1　温室外遮阳系统实际案例图

时，驱动轴带动齿轮转动。齿轮的转动带动了齿条的行走，推拉杆由支撑滚轮支撑并与齿条相连，当减速电机往复转动时，可带动推拉杆实现往复运动。当遮阳幕一端固定在梁柱处，另一端固定在与推拉杆相连的驱动边型材上时，就可实现遮阳幕的展开、收拢。

遮阳系统外骨架规格：立柱采用 50mm×50mm×2.0mm 方管，横梁采用 50mm×50mm×2.0mm 方管，端立柱与第二排立柱之间均用 Φ20 热镀锌圆管作为斜拉撑。所有钢构件均采用热浸镀锌。外骨架高出屋脊 0.5m。

传动机构规格：采用齿条传动机构（A 型齿轮），通过减速电机与之连接的传动轴输出动力。驱动轴采用 Φ42mm×3.0mm 热镀锌圆管，中部与电机相连，其余部分齿条均布相连，间距 4.0m；推杆（Φ32mm×2.0mm 热镀锌圆管）和推幕杆（务必使用铝合金幕杆）采用扣件连接，横向布置，拉动幕面开合。

电机规格：电机选用 WJN80 减速电机，电机扭矩为 800Nm，额定功率为 0.75kW。

遮阳网规格：遮阳网选择圆丝黑色遮阳网，遮阳率为 70%。

驱动系统：齿轮齿条驱动，即以齿轮齿条为主要驱动牵引材料，工作中电动减速机通过转动轴带动齿轮运动，齿轮带动与其啮合的齿条运动，由此，连接于齿条两端的推杆在齿条的牵引下，带动系统的活动边运动达到启闭遮阳幕的目的。该温室遮阳系统行程 3700mm，速度 0.4m/s。

控制分区：一般 3000m^2 以内分 1 区控制，超过 3000m^2 按照 3000m^2 为一个单位布置。

幕线：托、压幕线均为 ϕ2.2mm 聚酯线，抗拉强度 1911MPa，托幕线间距为 0.5m，压幕线间距为 0.5m；托、压幕线采用黑色聚脂幕线，具有优异的防紫外线抗老化性能。

（二）案例二

以山西农业大学园艺学院科研温室为例，该设施长 67.2m，宽 40m，占地面积 2688m^2。外遮阳依托玻璃温室外骨架搭建，内遮阳通过连接钢架方柱作为支撑；内外遮阳均沿南北方向展开；采用分段设计，内外遮阳各分为 10 组，共 20 张覆盖面积约为 316.4m^2 的遮阳网，每隔 4.52m 设置一组传动系统，由智能温室控制箱统一控制。覆盖材料上，外遮阳选用聚乙烯遮阳网，内遮阳采用铝箔遮阳保温膜。遮阳系统可根据玻璃温室的面积大小及功能分区进行改动。将不同功能分区连接至不同的控制按钮，以实现针对不同作物制订遮阳计划的目的。

不同覆盖材料的降温效果是有差别的，将降温效果由强到弱排序，铝箔＞双的确良布＞遮阳网＞单的确良布＞无覆盖。夏季气温最大值一般出现在午后 14：00 左右，此时覆盖铝箔、双的确良布、遮阳网和单的确良布分别比无覆盖室内温度降低 5.6℃、4.9℃、4.6℃、2.3℃。充分说明遮阳系统的有效性，各种遮阳材料的使用均可以较好地缓冲地温的变化，使高温危害的程度和时间大为缩短，更有利于作物生长。

三、案例剖析

1. 遮阳系统安装设计

（1）压幕线的安装与固定

压幕线沿幕布运行的方向固定，沿拉幕帘的方向均匀布置，一般托幕线每500mm一道，压幕线每1000mm一道，压幕线延沿幕布运动方向从一端拉到另一端拉幕梁，中间在桁架弦杆或中间横梁上支撑并固定（图8-2～图8-4）。

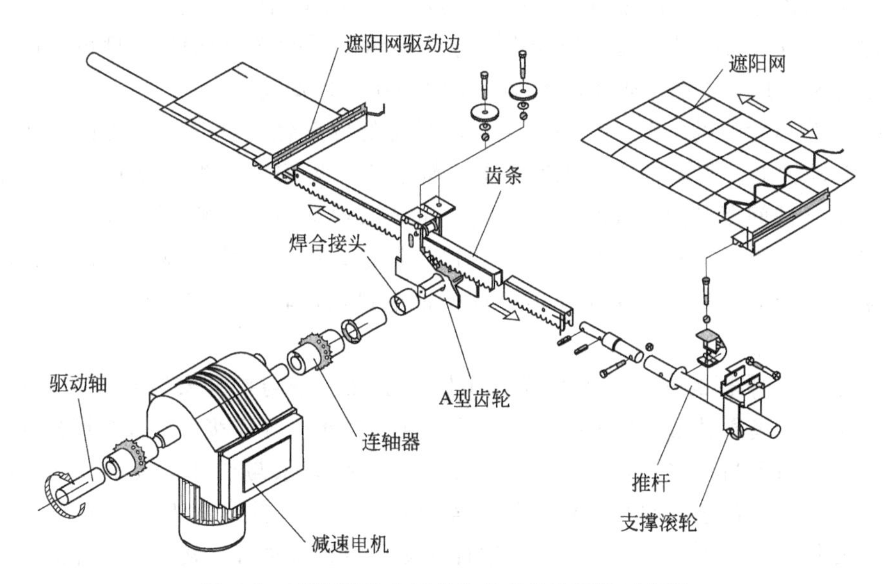

图8-2　连栋温室A型齿轮齿条拉幕系统示意图

图8-3　连栋温室内遮阳幕线安装

图8-4　连栋温室外遮阳幕线安装

（2）驱动装置的安装

驱动机构由电机、驱动轴、拉幕齿轮齿条、推杆、支撑滚轮和活动边以及各种连接件组成。

① 拉幕支撑滚轮安装。拉幕支撑滚轮安装于温室横梁或桁架上，可通过支撑滚轮梁抱箍和螺栓或ST5.5mm×25mm自钻自攻钉固定于温室横梁或桁架弦杆。支撑滚轮的布置间距与齿条间距相同。

② 减速电机布置与安装。电机安装于温室拉幕机平面临近中心的立柱上，安装高度按设计功能确定。安装电机采用电机安装架通过U型螺栓固定于立柱上。

③ A型齿轮座的安装。A型齿轮座由M8螺栓及齿轮连接圆垫片安装于温室横梁或桁架弦杆上，驱动轴分段通过焊合接头连接于两个齿轮两端，驱动轴与焊合接头焊接，每个齿轮轴两端安装钢夹，方便维修。同时必须保证A型齿轮座的输入轴中心和减速电机输出轴中心、驱动轴中心在一条直线上。

④ B型齿轮座的安装。B型齿轮拉幕系统的驱动轴为通长，拉幕齿轮座全部安装在驱动轴上。驱动轴由轴承座支撑，轴承座一般安装于温室立柱上。对于大跨度温室立柱间距超过4m时，应在立柱间增加轴承座安装板来安装轴承座，轴承座安装板下部需要用钢丝绳锚固定，以保证驱动轴的稳定。减速电机通过电机固定架固定于立柱上，安装电机时必须保证电机输出轴中心与驱动轴中心在一条直线上。

⑤ 齿条、推杆的安装。A型齿轮座拉幕系统齿条与推杆安装在同一直线上，齿条和推杆连接通过齿条推杆接头、弹性圆柱销及螺栓等连接，推杆与推杆连接通过推杆接头和半圆自攻钉连接。B型齿轮拉幕系统齿条与推杆安装不在同一高度上，齿条通过齿轮连接件及螺栓与推杆连接在一起的。简易的B型齿轮拉幕系统与推杆安装于同一条直线上，齿条与推杆连接通过齿条推杆连接头、弹性圆柱销及螺栓等连接。

⑥ 活动边的安装。齿轮齿条拉幕机系统中活动边形式有两种：铝管驱动和铝型材活动边驱动。铝管驱动安装时将幕布缠绕在铝管上，用大小定位导向卡将幕布卡住，用拉杆夹、推杆导杆连接卡将铝管与推杆连接起来，随着推杆的运动可以带动遮阳幕启闭。铝型材活动边与铝管驱动相同，只是幕布是通过卡簧固定于铝合金型材的槽内。

（3）遮阳幕布的安装

遮阳幕布首先固定到活动端导杆上，注意固定遮阳幕时一定要将遮阳幕铺平展开撑平，不得出现褶皱。遮阳幕的固定边根据骨架的结构有所不同，温室骨架有横梁时，先将幕布缠绕在横梁上，然后再用不锈钢丝将其绑扎在横梁上。温室结构没有横梁时，可以使用钢丝绳、边线固定以及塑料膜夹等安装幕布固定边。需要注意的是遮阳幕在安装时必须铺平展开撑平，不锈钢钢丝上塑料薄膜夹间距一般为300mm。遮阳幕两侧边绕过最外侧聚酯涂层钢索后应该下垂500mm左右。为了使幕布打开、收拢过程中保证侧边均匀折叠、平稳移动，在幕布下面 5～10cm 的位置应安装配重，外遮阳应该安装外遮阳挂钩。为了增加遮阳幕侧边与温室侧墙的密封性，应在侧墙增设遮阳网密封带。密封带由剪裁好的条状遮阳幕、支撑线、密封兜支架和塑料膜夹构成。

(4) A 型拉幕齿轮座的锚定

Venlo 型温室内遮阳使用齿轮座时，需要对安装于桁架弦杆上离立柱较远的齿轮座进行锚固，以防止桁架在推力作用下发生形变。外遮阳由于齿轮座一般离立柱较近，刚度较大，一般不用额外固定。对于大跨度温室，无论内、外遮阳，都要对远离立柱的齿轮座进行固定，以保证温室桁架弦杆或横梁的刚度。锚固时使用钢丝绳、钢丝绳夹及花篮螺栓将锚固于对角立柱上，并通过火篮螺栓来调节钢丝绳松紧使其受力平衡。

(5) 连接电控制箱进行调试

将电机动力线和控制线连接到电机接线盒子里。电机线接好后，在通电前需要认真仔细检查整个系统，核实接线是否正确。然后点动电机开关，测试电机正反转是否正常。测试正常后，点动电机使其往复运行一次，运行过程中仔细观察系统的运行状态，听运动声音是否正常，如有异常立即停机，检查并清除故障。

图 8-5　连栋温室外遮阳网

2. 设计原理评价

遮阳降温的主要原理是减少进入设施中的太阳辐射能，从而达到降低室内温度的目的。本案例遮阳系统由外遮阳（图 8-5～图 8-7）、内遮阳

图 8-6　连栋温室外遮阳骨架安装

（图 8-8、图 8-9）两部分组成，同时可以通过控制网眼大小和疏密程度，使其具有不同的遮光、通风特性以适合于我国北方地区的生产实际。外遮阳采用透光率较低的遮阳网，能够有效降低进入设施的太阳辐射；内遮阳采用反射能力较强的铝箔遮阳保温膜，能够有效反射太阳辐射，保证降温能力，由于铝箔有阻隔热辐射的功能，所以在冬季有一定的保温功能，更符合我国北方地区季节特性。在我国传统农业中，早有使用竹帘进行遮阳降温的方法进行栽培，说明遮阳系统在设施栽培中具有重要作用。

图 8-7　连栋温室外遮阳网安装

图 8-8　连栋温室内遮阳网

图 8-9　连栋温室内遮阳系统安装

3. 施工程序科学性评价

施工过程中，首先进行压幕线布置，要求沿幕布运行方向固定，并沿拉幕帘方向均匀布置，从一端拉到另一端的拉幕梁，并在沿途横梁进行支撑固定。先布置压幕线便于后续各部件对位安装。然后是驱动装置的安装，采用运行更稳定、精度更高的齿轮卡条拉幕系统，以支撑滚轮、减速电机、A 型齿轮座、B 型齿轮座、齿条和推杆的顺序进行安装。其中内遮阳所使用的齿轮座需要锚固，以防桁架运行过程中形变。下一步是幕布的安装，先将遮阳幕布固定在活动端导杆并完全展开铺平，再使用螺钉和钢丝绳安装固定边。为保证侧边与侧墙的密封性，加装遮阳网密封带，以防从两侧进入的太阳辐射导致温室内热量大量堆积。最后连接电控制箱进行试运行，仔细观察各部分是否运行正常、是否有部件变形、是否有异响等，做好随时停机清障的准备。应充分测试遮阳系统的各项功能，确保均可正常使用后完成施工。

4. 工程性能评价

已有工程实例表明，配备遮阳系统的 Venlo 型玻璃温室在夏季时，与无遮阳的情况相比，单独开启内、外遮阳装置和内外遮阳装置同时开启后温室内均有明显的降温作用。在极端天气情况下（51℃），同时开启内外遮阳系统后室内温度降低至36.5℃，相差 14.5℃。在遮阳系统完全开启 1h 后，无论室外温度如何变化，温室内温度均低于室外。室外温度变化趋势相差不大的情况下，内遮阳装置单独开启时降温速率最大，可达 0.07℃/min。外遮阳装置单独开启情况下室内光线分布和温度的均匀性较差，在进行农业活动时需要根据不同时段采用人工移动或分区温控的方法以保证室内作物接受等量的光线和太阳辐射。

5. 总体建议及注意事项

遮阳系统的建设要依据温室类型，依据所在地的太阳高度角和光强，科学设计外遮阳的温室骨架，再选用适宜透光率的遮阳网，以满足温室降温需求和适宜的作物生长环境。以拉幕机或卷膜机带动，实现自由开闭，建议连接计算机实现自动控制。内遮阳利用金属线在温室内骨架上搭建一个支撑系统，并使用夏季冬季都适用的铝箔遮阳保温膜作为覆盖材料，同样连接计算机实现自动控制。内遮阳比较灵活，通过不同遮阳率的选择，能够在作物不同的生长阶段做相对应的调节。遮阳系统的规划要结合具体温室项目的所在维度位置、海拔高度、气候条件及其他因素，例如作物的生长特性，即对光照、温度的需求来选择适宜的方案。在遮阳系统的安装过程中，所有的步骤按要求严格执行，要求如下：

(1) 减速电机与驱动轴

① 减速电机要购买带限位机构的标准产品；

② 减速电机应安装在驱动轴中间，当减速电机安装于幕布下方时，输出轴中心与拉幕梁下表面的距离应该大于 200mm；

③ 驱动轴的连接宜采用焊接，但是做好防腐处理，也可以采用铰制孔螺栓连接，防止接头松动；

④ 驱动轴不得有明显变形，偏差要小于 20%。

(2) 传动部件

① 驱动钢索选用抗拉强度大的材料，同时驱动钢索要分布均匀，且间距不宜过大；

② 换向轮布置在系统的两端拉幕帘梁上，应保证轮轴与驱动钢索垂直；

③ 齿条不要有明显的弯曲、扭曲变形；

④ 齿条与推拉杆在垂直于地面的同一平面内，偏差不大于10mm。

(3) 幕线与幕布

① 托幕线间距一般为400～500mm，压幕线间距一般为800～1000mm，幕线固定后不要有线头；

② 单根幕线紧绷压力不要超过限制；

③ 幕布长度设计时，应考虑材料收缩和两侧下垂的长度；

④ 幕布展开后幕布与温室横梁或弦杆间的合缝间距应小于20mm，对于有密封要求的系统，合缝间距应小于5mm。

(4) 系统配电

① 拉幕系统控制箱应具有防水功能；

② 拉幕系统控制箱应具有电机过载保护功能，以防止限位系统失控造成系统损坏；

③ 拉幕系统控制箱应具有电源相序反接保护功能。

6. 小结

遮阳降温系统就是利用不透光或透光率低的材料遮住阳光，阻止多余的太阳辐射能量进入设施中，以此实现降温的目的，保障作物的正常生长，降低温室内温度。由于遮阳材料不同和安装方式的差异，其降温效果也有所差异，一般可以降低设施内温度3～10℃。

四、案例总结

(一) 教学目标

本案例主要阐述遮阳系统的构成、遮阳系统的工作原理等，是温室设计基础、农业设施设计基础等课程的教学实践；使学生掌握温室冬季加温的主要管理措施和运行方法为教学目标。

(二) 案例知识点分析

设施广泛采用传动平稳可靠、传动精度高的齿轮卡条拉幕遮阳系统，设计遮阳系统的安装传动部件。本案例详细讲述了安装驱动机构包括电机、驱动轴、拉幕齿轮齿条、推杆、支撑滚轮和活动边、幕布，对所用的控制电机的过程及要点、对遮阳系统运行管理与运行中存在的问题进行了阐述。该案例通过设计、建造、维护设施遮阳系统，阐明该系统的作用，同时也让学生对该系统的安装和运行有深刻的理解。

五、思考题

1. 为什么我国农业设施要采用遮阳系统？
2. 目前广泛使用的设施遮阳系统有几种类型？由几部分构成？
3. 设施遮阳系统是怎样进行安装与使用维护的？

六、本案例课程思政教学点

教学内容	思政元素	育人成效
西北农林科技大学南校区科研温室、山西农业大学园艺学院科研温室	工匠精神、生态理念	引导学生了解遮阳系统的构成、工作原理及其日常管理要点，通过设计、建造、维护遮阳系统，使学生对该系统蕴含的生态节能理念有深刻的理解，培养学生精益求精的工匠精神

七、参考文献

[1] 马承伟．农业设施设计与建造［M］．北京：中国农业出版社，2008.

[2] 周长吉．现代温室工程［M］．北京：化学工业出版社，2003.

[3] 邹志荣．园艺设施学［M］．北京：中国农业出版社，2002.

[4] 张福墁．设施园艺学［M］．北京：中国农业大学出版社，2010.

设施补光系统安装与管理案例

主讲人：马乐乐

单位：西北农林科技大学园艺学院

案例九

设施补光系统安装与管理案例

设施园艺的设施类型主要包括塑料大棚、日光温室、连栋温室和植物工厂等，由于设施建筑在一定程度上遮挡了自然光源，导致室内光线不足；此外，很多地区秋冬季雾霾天气严重影响了正常光照。

光是植物进行光合作用必不可少的条件，也是形成设施内温湿度环境条件的能源。设施内独特的光环境特点，如光照强度弱、光质变化以及光分布不均等，导致作物获取的能量有限，因此，使用补光系统进行设施补光成为必不可少的需求。人工补光可以有效提高作物光合效率、产量和品质，尤其在秋冬反季节栽培，连续阴雨天、雾霾天使用补光系统补光不仅能促进设施内作物生长和花芽分化，提前上市，还可以解决光照不足导致设施作物品质下降的弊端，增加经济效益。常见的补光光源有热辐射光源、气体放电光源等。我们应根据作物的需求，光源的光谱性能、发光效率选择合适的补光光源，并进行补光方案设计及补光系统的合理安装。

一、案例背景

陕西关中地区近年来秋冬季阴雨、雾霾天气较多，严重影响了设施蔬菜的正常生产。因此，本案例选用陕西省杨凌示范区揉谷设施农业产业园区 17m 大跨度塑料大棚内的草莓补光为例，针对补光光源的类型和结构特点，补光灯的设计、性能、选择、安装和管理等相关知识进行解析，让读者可以更好地了解设施园艺作物补光系统。

二、案例内容

（一）补光光源的类型和结构特点

按照发光形式可以将人工补光光源分为热辐射光源、气体放电光源、电致光源三种类型。热辐射光源包括白炽灯、卤化灯两种；气体放电光源主要包括荧光灯、高压钠灯、金属卤化灯等；电致光源主要指二极管及LED灯。

1. 热辐射光源

① 白炽灯　白炽灯的光是由电流通过灯丝的热效应，一般灯丝由钨丝制成，坞的熔点高，灯丝温度不足500℃，只发出部分红外辐射，接近500℃才开始发出部分可见光，总体上看，其发光光谱主要是红外光谱，但电能转换效率低，只有10％～20％的辐射能转化为电能，大部分的能量以热能的形式散失出去。距离作物较近时容易发生灼烧。不宜用作光合补光，适宜用作光周期补光。

② 卤钨灯　相较于白炽灯，卤钨灯寿命和发光的功率都有所提高，光色也有所改善。

2. 气体放电光源

① 荧光灯　利用低气压的汞蒸气在通电后释放紫外线，从而使荧光粉发出可见光的原理发光，属于低气压弧光放电光源。发光光谱可以随着荧光粉配方的改变而变化，能被植物吸收的光能占总辐射能的75％～80％，总体光谱性能好，发光效率高，寿命长。在设施补光系统中使用较为广泛，尤其适用于无遮挡自然光问题产生的组培室中的人工光照。

② 高压钠灯　主要利用汞蒸气和氙气的低气压放电，电压转化效率达27％，其发射的有效光只有14％的光在400～565nm的范围内，发光光谱较窄，以黄橙光为主。普通的高压钠灯显色度较差，通过改变电弧温度分布的途径，显色指数可提高到R_a＝70～80。

③ 金属卤化灯　由金属蒸汽（如汞）和卤化物（如镝、钠、铊、铟等元素的卤化物）的分解物的混合物辐射而发光的气体放电灯。该类光源具有高光效（65～140lm/W）、长寿命（5000～20000h）、显色性好（R_a65～95）、结构紧凑、性能稳定等优势。

3. 电致光源

① 发光二极管　可直接将电能转化为可见光的固态的半导体器件，寿命可达10万小时以上，是传统钨丝灯的50倍。

② LED灯工作电压低，采用直流驱动方式，超低功耗，电光功率转换接近100％，在相同照明效果下比传统光源节能80％以上。利用红、绿、蓝三基色原理，在计算机技术控制下使三种颜色具有256级灰度并任意混合，即可产生256×256×256（即16777216）种颜色，形成不同光色的组合。

(二) 补光光源设计计算

1. 逐点计算法

$$E=\frac{E_e\cos\theta}{r^2} \tag{9-1}$$

式中 E——光照强度，lx；

E_e——发光强度，cd；

θ——光线与照射面法线构成的夹角，0～90°；

r——光源到平面的距离，m。

除此之外，当墙或顶棚的反射光对于点的光照影响较大时，应适当加入附加照度系数 μ 进行校正。另外光源老化、灯具污损等也会造成光通量的下降和损失，还应当考虑维护系数 k。点光源逐点计算的一般公式为：

$$E=\mu k\frac{E_e\cos\theta}{r^2} \tag{9-2}$$

式中 E——光照强度，lx；

E_e——发光强度，cd；

θ——光线与照射面法线构成的夹角，0～90°；

r——光源到平面的距离，m；

μ——附加照度系数，与灯具类型、顶棚反光等有关，大棚内表面反射率较低，故常取 $\mu=1$；

k——维护系数，$k=k_1k_2k_3$，k_1 为光源光通量衰减系数，白炽灯、荧光灯等为 0.85，卤钨灯为 0.93；k_2 为灯具污染衰减系数，清扫周期为一年时，$k_2=0.86$，清扫周期为二年时，$k_2=0.78$，清扫周期为三年时，$k_2=0.74$；k_3 为由于棚膜的污染而降低的反射率的衰减系数，对于大棚，$k_3=1$。

2. 线光源逐点计算法

$$E=k_n\frac{E_{ei}\cos\theta_i}{r} \tag{9-3}$$

式中 E——光照强度，lx；

k_n——与 l/r（l——线光源长度，m）有关的修正系数，可查表（表 9-1）；

E_{ei}——线光源长度为一米时，在 θ_i 方向上面的发光强度，cd；

θ_i——光线与照射面法线构成的夹角，0～90°；

r——线光源至被照点的距离，m；

表 9-1　线光源直射照度修正系数 k_n

l/r	k_n	l/r	k_n	l/r	k_n	l/r	k_n
0.05	0.05	0.40	0.36	1.00	0.64	3.00	0.77
0.10	0.10	0.45	0.40	1.20	0.69	4.00	0.78
0.15	0.15	0.50	0.43	1.40	0.71	5.00	0.78
0.20	0.20	0.60	0.49	1.60	0.73	10.00	0.78
0.25	0.24	0.70	0.53	1.80	0.74	20.00	0.79
0.30	0.28	0.80	0.58	2.00	0.75	30.00	0.79
0.35	0.32	0.90	0.61	2.50	0.77	∞	0.79

（三）人工光源的性能和选择

人工光源的选择主要表现在对于光源的光谱性能和发光效率的比较和筛选。

1. 光谱性能

大棚内作物的光合作用和露地作物一样，有效波长为 400～500nm 的蓝紫光区和 600～700nm 的红光区，因此要求光源有丰富的红色光和蓝紫光。此外，紫外线透过严重不足的大棚，对于植株花果的着色、果实的膨大影响较大，需要光谱补充紫外线照射。综上，植株吸收光谱复杂，选择光源时，光谱范围较广泛的，适用性更强。

2. 发光效率

光源的发光效率越高，单位电功率发出的光量越大，相同照度水平所消耗的电能越少，同时，发光效率高还能减少产生的热量，减少夏季的冷负荷。因此选择发光效率较高的光源，对节约能源、减少经济支出都有明显的效益。

研究表明，红蓝补光相对于单色光更能有效提高光合作用，促进植物生长。因此，本案例选用了市场上易购买、红蓝光配比不同的 5 种补光灯产品，包括激光生长灯（红蓝比为 5∶1）、LED 生长灯两种（红蓝比分别为 4.9∶1、3∶1）、荧光灯（红蓝比为 1.93∶1）和高压钠灯（红蓝比为 8.5∶1），如图 9-1 所示。

（四）设施补光系统安装与管理

补光系统的设计需要综合考虑各种因素，应根据项目所在地的光照条件、作物生长的光照需求、大棚结构和种植模式进行统筹设计，如应考虑补光系统如何选型，设计时应该综合考虑哪些因素，以及在施工及后期运营过程中需要注意哪些问题等。

LED 灯光源作为近两年新兴光源具有光谱可定制、辐射热小、可以对植株进行近距离补光等特点，但由于 LED 灯补光系统采购成本较高，应根据功能的选择利用及成本综合考虑。根据补光强度的需求标准，结合挂灯高度、有效工作距离、

(a) 激光生长灯　(b) LED灯(R/B=4.9∶1)　(c) 荧光灯　(d) LED灯(R/B=3∶1)　(e) 高压钠灯

图 9-1　不同类型补光光源

工作面尺寸、反射系数等详细参数进行设计，并制定出最合理的光学方案。

1. 补光强度标准

根据设施内实际栽培的作物种类，确定种植作物每天所需的光照累积量（单位 J/cm^2），按室外的70%计算，该光照累计量可以保证该作物正常的生理活动和生长发育。

自然光的计算方法：自然光照射进大棚内，经过塑料薄膜、桁架和内部设备的反射，实际照射到作物上的光会损失一部分。一般塑料大棚透光率为70%，转成PPFD（即光量子通量密度，按最大补光18h）为500～600μmol/(m^2·s)。同时，结合项目地光照条件确定补光量。根据当地冬季平均每天设施内自然光的累积和作物正常生长发育所需的光累积量，求出每天最低需要达到的补光量。

2. 补光均匀系数

由于各种设施的结构类型不同，且存在设施遮挡，导致大棚内光照分布不均；而在大棚内安装补光系统时，补光系统的均匀系数也是非常容易被忽略的一个重要参数。均匀系数会直接影响作物生长的一致性，特别是在光周期补光的应用中，由于对光照强度要求较低，每盏补光灯覆盖的面积较大，受限于大棚高度，极易出现均匀性差的情况。因此，在补光灯的配光设计中要根据使用目的及环境对配光曲线进行专业设计，在保证强度的同时最大限度提高光照的均匀系数。

3. 光衰

在补光灯的使用过程中，光源本身会产生光衰，在设计之初，需要根据补光系统的设计使用寿命和补光灯的光衰情况对标准进行相应的提高。保证在使用期限内，即便在产生光衰的情况下，光照强度也可以满足作物生长的需求。

4. 补光系统的电力敷设

在安装补光系统的大棚内，补光系统在整个配套设施中的能耗比例巨大，在大棚进行规划时，需要合理确定用电方案的经济性和合理性。

① 能源预留　在安装补光系统的大棚内，补光系统在整个配套设施中的能耗比例巨大，其用电量是整个大棚及生产加工设备用电量的 3 倍以上，因此，应根据其总功率来确定变压器的大小，以满足整套系统的用电需求。补光系统面积覆盖整个大棚，用电负荷等级为三级，安装过程中采用多负荷中心的供电原则，变电设施接近负荷中心，降低低压线缆用量，方便进出线，避免与其他设施互相干涉，方便施工。

② 变配电室位置选择　由于补光系统的用电容量较大，变压器引入到大棚内的动力电缆成本非常高，因此调整变压器位置，尽量缩短到二级配电柜的距离，可节省大笔开支，也易于后期的维护。

③ 配电柜的位置以及数量　配电柜的位置以及数量取决于电路设计中配电回路的数量及覆盖区域，在实际安装时满足基础的三项平衡问题，保证用电安全和使用寿命，避免出现跳闸现象。

④ 配电柜的自动化升级　补光设备、加温设备等都是由控制系统自动控制开启关闭，因此在配电柜内部的配件设计也必须实现自动化可控，即控制系统信号接入后即可实现整套系统的自动开启。补光系统采用环控系统集中智能控制方式，在系统分支配电箱内设置控制模块分组接入环境控制系统。可根据天气情况，实时控制补光系统的 HPS 分组及 LED 分组控制，从而调节对作物的补光量，满足作物生长所需要的光照能量。

本案例图 9-1(a) 为激光生长灯，固定于地面，灯板与植株顶部距离 40cm，灯光与地面平行、四周转动照射；其余补光灯均采用钢丝固定于大棚钢管骨架上，距离植株 1.3m，根据补光灯的光照强度确定数量，进行顶部补光，各试验小区面积为 $50m^2$。根据各补光灯光强等特点，确定激光生长灯的补光时间。

(五) 作用效果

通过本案例田间试验得出，LED 灯更有利于促进草莓植株的光合生长，提高果实的产量和品质，高压钠灯虽然有利于提高果实的品质，但因为产量不高且耗电量大等弊端，其经济效益远不及 LED 灯，因此，将红蓝比为 4.9∶1 的 LED 灯作为冬春季节寡日照地区大棚草莓的补光光源相对效果较好。

三、案例解析

(一) 设计原理评价

作物生长离不开光照，设施弱光环境会严重影响作物生长发育和产量形成。植物对光的需求主要包括光强、光质和光周期3方面。其中，光强与植物光合作用密切相关，设施果菜秋冬季生产中由于季节性低温弱光，光强成为限制这些果菜生长的一个重要因子；光质即光的组成，对植物光合作用、生长、抗逆和品质形成中的激素比例和关键差异基因表达的调控具有重要作用；光周期主要与植物的开花，块根、块茎的形成，叶的脱落和芽的休眠等均有关。因此，保证设施作物生长所需的光环境非常关键。

栽培设施类型主要包括塑料大棚、日光温室、连栋温室和植物工厂等，由于设施建筑在一定程度上遮挡了自然光源，导致室内光线不足；此外，很多地区秋冬季雾霾天气严重影响了正常光照。因此根据不同作物对光的需求特性，通过试验确定适宜的补光光源类型，或是选择不同光强、光质的灯片进行组装形成适宜的光源，并进行光学方案和补光系统的电力设计，从而对设施光环境做出调整，能改善弱光环境下作物的生长发育，提高产量和品质。

（二）施工程序科学性评价

施工过程中，首先，根据设施内光环境和建筑特点、结合作物的需光特性，选择适宜的光源和光配比。其次，根据作物对光强的要求和补光灯光强特点，通过光强测量，确定补光灯的张挂高度和数量，并根据设施内补光灯的总功率核算电源线和总闸的负荷，进行设施内合理布线。最后，进行补光灯的固定，对于较重的光源，用钢丝等材料将光源按设定的高度固定好，后接通电源，对于质量较小的灯源，则无需单独固定，直接接通电源线并固定在相应高度即可。施工完成后，根据设施光环境强度和作物的补光需求设定程序，白天时，在低于作物某一特定光强时自动打开补光灯，高于一定光强时补光灯自动关闭，晚上全部关闭。

（三）工程性能评价

本案例根据草莓的生长特性，选择了不同类型的补光光源进行补光，最终通过草莓的生长势、产量、品质，及最终的经济效益和运行成本等综合计算得出，将红蓝比为4.9∶1的LED灯作为秋冬季节寡日照地区大棚草莓的补光光源效果较好，能显著提高草莓产量和品质。除此以外，已有的实例表明：①设施补光可以提高多种作物叶片叶绿素含量，增强光合作用，促进干物质积累；②一定比例的红蓝光配比补光能通过提高植株中抗氧化能力，增加渗透调节物质含量及调节离子平衡，提高作物的抗逆性；③一定量的红光、远红光补充，可诱导番茄体内ABA和JA的水平，导致CBF途径的激活，进而提高番茄的低温抗性，且有研究表明红光短期照射可诱导甜瓜幼苗对白粉病的抗性；④红蓝光配比可促进甜瓜果实中糖的积累，提高甜瓜品质。通过已有的众多案例表明，设施补光能有效促进作物生长，提高作物产量和品质。

(四) 工程经济评价

以本案例 17m 跨的非对称单层保温大棚为例，室内面积为 $1200m^2$，补光灯成本为 150 元/支，整个棚约需 96 支，加上耗损，按 110 支计算，共计 16500 元，按 3 年折旧计算，每年成本约 5500 元；电费每支灯管 100W，整个棚共约 10000W，每天补 4h，每年补 4 个月，每度电按 0.5 元计算，共计 2400 元，加上其他相关耗材 600 元，共按 3000 元计算。而通过最佳光源补光后，草莓增产 1500kg，按市场均价 30 元/kg，共计 145000 元。投入和产出比为 1∶5.3。

(五) 总体建议及注意事项

设施内补光要首先确定补光灯的类型、数量和总功率，以确保接电的总负荷。此外，设施内常出现高湿环境，因此需注意用电安全，并注意补光灯的安装位置，尽量悬挂在栽培垄上方，避开过道，以免发生碰撞。补光灯总开关建议根据作物需求及设施内环境特点，设置成依赖于光强的自动控时开关，并做好定期检查。

在补光光源选择时，应根据补光目的，例如，用于增大光强促进光合，或调节光质增强抗逆、提高品质等，或是通过调节光周期用于调控作物的发育等，选择适宜的光源。由于设施内灰尘较大，因此，在补光灯使用过程中，要定期对光源进行清理，避免附着的灰尘过多影响光照度。一般补光在秋冬季低温弱光环境下应用较多，春茬使用较少。因此，在秋冬茬用完补光灯，可及时将补光灯回收、清理干净，以便后期再用，此外也能避免春夏季棚内强光照、高温高湿等因素对补光灯的损伤。

四、案例总结

本案例涉及的知识点主要包括设施环境调控和温室补光等内容。总体来讲，设施补光可以有效地提高作物光合效率、产量和品质，尤其在秋冬反季节栽培，连续阴雨天、雾霾天使用补光系统补光，不仅促进温室内作物生长和花芽分化，提前上市，还可以解决光照不足导致设施作物品质下降的弊端，增加经济效益。该技术主要包括补光系统的光源类型选择、补光方案设计和补光系统的安装三方面内容。

五、思考题

1. 为什么要进行设施补光？
2. 补光光源的类型有哪些？
3. 如何选择人工光源？

六、本案例课程思政教学点

教学内容	思政元素	育人成效
设施补光系统安装与管理案例	创新思维、职业道德、工匠精神	使学生了解作物生长光环境特性和需求，从不同的角度和思维进行作物生长环境的调控，用辩证的创新思维为作物创造适宜或更优的生长光环境。此外，在设计、施工和应用过程中，要有严谨踏实的工匠精神和职业道德；培养知农爱农的创新型人才

七、参考文献

[1] 于雷 . LED 补光对日光温室薄皮甜瓜糖和 β-胡萝卜素积累的影响 [D]. 沈阳：沈阳农业大学，2019.

[2] 钱舒婷 . 不同补光灯对设施草莓、番茄光合生长及产量品质的影响 [D]. 杨凌：西北农林科技大学，2018.

温室加温系统案例

主讲人：李建明

单位：西北农林科技大学园艺学院

案例十

设施灌溉系统安装与运行管理案例

由于设施栽培相对封闭的特点，设施内灌水量决定着内部空气和土壤湿度，而空气和土壤湿度共同构成设施作物生长的水环境，影响设施作物的生长发育。另外，目前水资源匮乏已是全球性问题，因此，节水灌溉已成为设施内主要灌水方式。

设施中使用的节水灌溉系统有多种，目前有管道灌溉、滴灌、微喷灌、自行走式喷灌、微喷带微灌、渗灌、水培灌溉、喷雾灌溉、潮汐灌溉等，每种灌溉系统都有各自的特点，只有全面了解和掌握温室各种灌溉系统的性能和特点，才能根据温室生产的需要合理选择使用。

我国在温室中采用微灌技术开始于20世纪70年代，在初始阶段由于温室本身还不成熟，微灌技术并未得到重视和推广。20世纪80年代初期，北京引进了温室滴灌设备进行试验，取得了良好的效果。目前，国内温室中管道灌溉和膜下暗灌已成为温室中常见的节水措施，效果显著的滴灌和微喷管等先进的节水灌溉技术已经在温室中推广。

一、案例背景

陕西在我国西北地区，水资源匮乏，而近年来设施农业发展迅速，栽培面积逐年增大，因此，节水灌溉是必然趋势。本案例位于西北农林科技大学北校区园艺场科研温室内，由李建明团队于2018年建造实施，本案例主要讲述温室内的灌溉方式，根据不同温室的实际需求，设计不同的温室灌溉系统，让读者可以更好地了解设施灌溉系统。

二、案例内容

（一）设施中灌溉系统的组成

采用灌溉设备对温室作物进行灌溉就是将灌溉用水从水源提取，经过适当加压、净化、过滤等处理后，由输水管道送入田间管理设备，最后由温室田间管理设备对作物实施灌溉。一套完整的温室灌溉系统通常包括水源、首部枢纽、供水管网、田间灌溉系统、自动控制设备等五部分。

1. 水源

温室供水可在灌溉时直接从水源提取，但更多的是在温室内、温室周围或温室操作间修建蓄水池，以备随时使用，也可防止由于水源短暂的意外中断而影响温室作物的正常生产。本案例是将自来水接入温室内自备的蓄水桶，经过滤后用于灌溉。

2. 首部枢纽

温室灌溉系统中的首部枢纽由多种水处理设备组成，用于将水源中的水处理成符合田间灌溉系统要求的灌溉用水，并将这些灌溉用水送入供水管网中，以便实施田间灌溉。完整的首部枢纽设备包括水泵与动力机、净化过滤设备、施肥设备、测量和保护设备、控制阀门等，有些温室灌溉还需要配置水软化设备或加温设备等。由于本案例所在地区水质 pH 为 7.8～8.0，因此，在蓄水桶中添加弱酸（如稀磷酸）进行调节后使用。

3. 供水管网

供水管网一般由干管、支管两级管道组成，干管是与首部枢纽直接相连的总供水管，支管与干管相连，为各温室灌溉单元供水，一般干管与支管应埋入地面以下一定深度以方便田间作业。温室灌溉系统中的干管和支管通常采用硬质聚氯乙烯、软质聚乙烯等农用塑料管（图 10-1）。

图 10-1　供水管网

4. 田间灌溉系统

田间灌溉系统由灌水器和田间供水管道组成，有时还包括田间施肥设备、田间过滤器、控制阀门等田间首部枢纽设备。灌水器是直接向作物浇水的设备，如灌水器、滴头、微喷头等。根据温室田间灌溉系统中所用灌水器的不同，温室中常用的灌溉系统有管道灌溉系统、滴灌系统、微喷灌系统、喷雾灌溉系统、潮汐灌溉系统和水培灌溉系统等多种。本案例采用的是带有滴箭的滴灌系统（图 10-2）。

图 10-2　滴箭式滴灌系统

5. 自动控制设备

现代温室灌溉系统中已开始普及应用各种灌溉自动化控制设备，如利用压力罐自动供水系统或变频恒压供水系统控制水泵的运行状态；又如采用时间控制器配合电动阀或电磁阀对温室内的各灌溉单元按照预先设定好的程序自动定时定量进行灌溉；还有利用土壤湿度计配合电动阀及其控制器，根据土壤含水情况进行实时灌溉。本案例采用的是 HortiMax 全自动控制系统（图 10-3）。

图 10-3　水肥自动化控制系统

（二）设施中滴灌系统的设计与布置

滴灌是将水肥通过输送管路，利用安装在末级管道上的滴灌器，或与毛管制成一体的滴灌带将压力水以水滴状湿润土壤的一种滴灌方式。通常将毛管和灌水器放在地面。滴灌在温室土壤栽培和无土栽培等精准灌溉施肥应用中得到了广泛应用，成为温室设施农业生产不可或缺的配套技术装备之一。

1. 灌水量分布

滴灌与传统的地面灌溉不同，由于滴头的布置是有一定的距离的，滴头的流量一般比较小，因而在地面没有积水，滴出的水在土壤中不仅受重力的作用，还受到各方向的毛细管力的作用，所以灌溉水在沿垂直运动的同时，还沿水平方向运动，形成一个梨状湿润球。一般将湿润球按含水量划分三个区域，即饱和区、湿润区和湿润前锋区。

灌溉时滴头附近地表处形成一个小水坑，在水坑下面有一个主要受重力影响的饱和区，饱和区的直径随滴头的流量增加而增大，深度随灌水时间的延长而增加。导水率较高的土壤饱和区直径和深度较小，相反，导水率较低的土壤饱和区域直径和深度较大。

2. 滴灌灌水器的种类及其性能特点

滴头是滴灌系统中最重要的设备，其性能、质量的好坏直接影响滴灌系统工作的可靠性及灌水质量的优劣。目前广泛使用的灌水方式主要有以下几种。

① 滴灌带　滴灌带由于其迷宫结构而具有紊流流态，且具有抗堵性好、出水均匀、铺设长度长、制造成本低等特点，目前广泛使用的滴灌带的变异系数一般都小于 0.05，且大多滴头流态指数在 0.5～0.6 之间。

② 内镶式滴头　内镶式滴头具有长而宽的曲径式密封管道，这种工艺在管内形成涡流式水流，从而最大限度减小由于管内沉淀物而引起堵塞的可能性。每个滴头往往配有两个出水口，当系统关闭时，其中一个出水口就会消除土壤颗粒被吸回堵塞的危险。

③ 多出口滴头　多出口滴头的每个滴孔连接一根管线，水从各分流管线流向作物，而其他类型的滴头一般为压力补偿式滴头，滴头直接作用于作物的根部，多出口滴头的每个滴孔连接一根管线，水从各分流管线流向作物。

④ 滴箭型滴头　滴箭型滴头有两种：一种是以很细内径的微管与输毛管和滴灌插件相连，靠微管流的沿程阻力来消能，微管出水的水流中层流运动的成分较大，层流滴头流量受温度影响；另一种靠出流沿滴件的插针头部的迷宫形流道造成局部水头损失来消减能量调节流量大小，其出水可沿滴箭插入土壤的地方渗入。滴灌可以多头出水，一般可用于盆栽植物和无土栽培。

⑤ 发丝管　发丝管是内径很小的黑色聚乙烯软管，使用时一端插入打好孔的毛管中，然后将软管缠绕到毛管上，形成螺纹流道，并将软管的另一端固定在毛管上，形成滴头。

3. 滴灌系统灌溉制度的设计

① 灌溉定额　灌溉定额是指一次灌水单位面积上的灌水量。滴灌的灌水量取决于湿润土层的厚度、土壤保水能力、允许消耗水分的程度以及湿润土体所占的体

积。灌溉设计定额是指作为系统设计依据的最大一次灌水量，可用公式计算：

$$h=1000\alpha\beta pH \tag{10-1}$$

式中 h——设计灌溉定额，mm；

α——允许消耗水量占土壤有效水量的比例，%，对需水比较敏感的蔬菜作物，$\alpha=20\%\sim30\%$；

β——土壤有效持水量，%；

p——土壤湿润比，%，蔬菜作物一般为 70%～90%；

H——计划湿润层深度，mm。

② 灌水周期　灌溉周期是指两次灌溉之间的最大间隔时间，它取决于作物、土壤种类、温室小气候和管理情况。对水敏感的作物，灌水周期应该短；耐旱作物灌水周期适当延长。灌水计算公式如下：

$$T=\frac{m}{E} \tag{10-2}$$

式中 T——灌水周期，d；

m——灌水定额，mm；

E——作物蓄水高峰期日均耗水量，mm/d。

③ 一次性灌水时间　针对蔬菜等行密布作物，一次性滴灌时间可以按照下式计算：

$$t=h\ \frac{S_eS_i}{\eta q} \tag{10-3}$$

式中 t——一次性灌水时间，h；

h——设计灌水定额，mm；

S_e——滴头间距，m；

S_i——毛管间距，m；

η——滴灌水利用系数，%；

q——滴头流量，L/h。

④ 滴头次数　滴灌是频繁的灌水方式，作物生育期灌水次数比常规地面灌水多，它取决于土壤类型、作物种类、设施小气候等。

4. 滴灌系统设计参数

滴灌系统水力性能设计参数主要有设计工作压力、流量偏差率和压力偏差率。

① 设计工作压力　根据所引用的灌输器的工作压力范围，选择确定灌水器的设计工作压力，此时灌水器的流量为设计流量。设计工作压力应在生产商的最大工作压力和最小设计工作压力范围之内，一般是灌水器的额定工作压力或在该值附近。

② 均匀度　为保证滴管的灌溉效果，同一轮作区平均流量应与设计流量基本

一致，即保证滴管的均匀度。用克里斯钦森均匀系数来表示，即：

$$C_u = 1 - \frac{\overline{\Delta q}}{\overline{q}} \tag{10-4}$$

$$\overline{\Delta q} = \frac{\sum_{1}^{N} |q_i - \overline{q}|}{N} \tag{10-5}$$

式中 C_u——均匀系数；

$\overline{q}$——灌水器平均流量，L/h；

$\overline{\Delta q}$——每个灌水器与平均流量之差的绝对值的平均值；

q_i——每个灌水器的流量，L/h；

N——灌水器的数量。

③ 流量偏差率和压力偏差率　流量偏差率越小、均匀度越高，设备投入越大。为保证滴灌均匀度，一般取系统的流量偏差率不大于 30%。从灌溉的角度来看，要保证某一轮灌区内流量偏差率在规定范围之内，需要通过保证该灌溉区各灌水器的工作压力偏差率在一定范围内实现。压力偏差率是由管道的阻力和地面高差等因素造成的，进行灌溉系统设计时要通过对供水管进行合理的布置使得灌溉系统的压力偏差率在规定范围之内。

(三) 设施中滴灌系统实际安装与维护

根据之前的设计，购买适合的供水管和水泵，检查在运输过程中是否有损坏，在操作间安装或者在指定设施区域内安装。装备运往现场后，将过滤水泵按照要求进行安装，确保水泵供电供水安全稳定。将主水路与水泵连接，注意安装过滤器或过滤网，防止水泵老化、损坏。将主灌水管安装在过道，与作物栽培行方向垂直，方便管道的开闭和维护。从主灌水管道旁引出支管进行栽培行灌水管道的安装。先安装供水主管道，再根据定植要求安装支管道，以确保其密封性能。

安装好供水管道后，进行滴管灌水器的安装，采用滴箭的形式。将滴箭与压力补偿式接头进行连接，保证灌溉量不受压力和安装位置的影响，滴箭可以多头出水。插入栽培盆里，靠近作物，保证滴灌形成的湿润区能覆盖作物主根。

在安装后，要时常检查供水管路的密闭性，定期检查滴箭是否有堵塞；有堵塞应及时清淤或者更换滴头，保证每个支路、每个植株得到足够且均匀的灌水量。

(四) 作用效果

采用本案例滴头式滴灌系统后，与传统明沟灌溉方式相比，大大降低了用水量，降低了空气湿度，减少了病害的发生。此外，采用这种方式可实现水肥一体化灌溉，亦能提高肥料的利用率，减少化肥的投入量。最终，降低了生产成本，提高了经济效益。

三、案例解析

（一）设计原理评价

根据温室内作物、土壤环境及栽培模式的不同，选择适宜的滴灌方式，能大大节约用水，避免大水漫灌造成的养分流失，且土壤松散不易板结，有利于根系通气及新根萌发，有效提高作物的水肥利用效率。

（二）施工程序科学性评价

施工过程中，首先，选择适宜的水源，可引用井水或是净化处理后的湖水、雨水等，存于温室内的蓄水桶中，蓄水桶体积根据单个温室中滴灌 1 次所需水量选择，蓄水桶选择不透明的材质或用覆盖物保护，避免光照，水用完后及时蓄水待用，使水温与环境温度相近。其次，根据设施内土壤环境特点及作物种类，选择适宜的滴灌类型，并进行首部枢纽、供水管网、田间灌溉系统和自动控制设备等部分的安装、调试工作。其中，在施工过程中应特别注意管道安装的先后顺序，确保其密封性能，在后期使用过程中，时刻注意检查、维护，确保每个支路、每个植株得到均匀足够的灌水量。最后，在滴灌系统使用过程中，根据不同的作物对水肥的需求特性、环境条件及土壤或栽培介质中的水肥含量等因素，综合考虑每次滴灌量。对于滴灌过程中的肥料施用，一般有两种方式，一种是直接购买成品的 N-P-K 水溶冲施肥、有机营养液或微生物营养液等，另一种是采用国际通用的营养液配方，进行配制，并在作物不同生长期进行配方调整。

（三）工程性能评价

本案例应用结果表明，采用滴头滴灌系统能极大程度地降低温室内空气湿度，使其一般维持在 50%～70%，给作物生长创造了相对良好的环境，有效降低了果菜类蔬菜病害，如白粉病、灰霉病、霜霉病、角斑病、疫病等的发生率，减少了农药的使用量和对环境的污染；此外，通过该技术的应用节水 30%～50%，节肥 10%～25%，减少了灌溉用水量，节约农业水资源，减少了矿质元素向土壤深层的淋溶和流失，减轻了对地下水的污染。由于滴水总量的减少，对地温影响也小，加之土壤的通透性好，容易吸收空气中的温度，故滴灌比沟灌可提高气温 2℃，提高地温 3℃。滴灌不仅可有效地控制水量，还可根据作物的不同生长期适时灌水，因而作物生长健壮，果实整齐，色泽好，营养成分明显提高。

（四）工程经济评价

以本案例设施番茄为例，滴灌设备采用质量较优的滴灌整套管网设备，每亩[1]约需1万元（按5年使用期计算），安装自动化水肥控制系统8万元（按10年使用期计算），折合每茬费用为5000元。应用该案例技术后每亩可节水30%～50%，节肥10%～25%，减少了约50%的农药使用量，每年按两茬计算，每亩每茬可降低成本约1000元，节约劳动力成本约30%，约合3000元。由于采用滴灌技术，可以改善土壤的理化性能、提高地温、创造了良好的生长环境，因此，亩产可增加约15%，即约1200kg，按番茄市场批发价3元/kg计算，共3600元。以上合计每茬可增加纯经济收入2600元。

（五）总体建议及注意事项

灌溉可采用井水、河流、渠道等水源，但水源都必须符合《农田灌溉水质标准（GB 5084—2005）》要求，只要所含杂质较少或含沙量较小，均可用于滴灌。注意事项：一是水泵。为去除较大的泥沙和杂物，并防止滴灌发生物理性堵塞，要根据水质及流量，在水泵取水口处用铁丝网做3道10～50目的拦污栅；为使系统压力控制在规定的范围内，宜选择符合规定规格的水泵和动力机。二是过滤设备。灌水前应多次检查过滤器，发现堵塞，及时清除过滤网上积聚的杂质。开启过滤器反冲洗装置去污，防止过滤器堵塞，发现滤网损坏要及时更换。三是施肥注入设备。为便于水肥充分溶合，尽量施用可溶性肥料；另外，为防止少量肥料沉淀在管道中，施肥结束后用清水清洗系统，一般冲洗5min左右。四是输配水管网。新安装或使用一段时间以后，要对支管和滴灌管进行冲洗，以免堵塞灌水器，打开末端堵头，充分放水冲洗即可。五是化学防堵。实际使用时，灌水器会不可避免地发生化学堵塞，必要时可进行酸液清洗，其不仅具有消毒作用，还可抑制和消灭水中的藻类和微生物。六是滴灌管。滴灌管易损坏，应小心铺放，细心管理，切忌踩压或在地上拖动，谨防划伤或戳破滴灌管，对于滴箭，则需定期根据出水情况，检查是否有堵塞，有堵塞需及时清理或更换。

总之，应根据不同的作物需求、温室土壤环境和水质，选择适宜的灌溉系统，在灌溉系统施工前要充分检查水源水质、管道是否完好，施工过程中要确保管道连接的密封性，在使用后要定期检查管道是否堵塞，有问题及时维护，确保每个支路、每个植株得到均匀足够的灌水量，以提高使用效果。

四、案例总结

本案例涉及的知识点主要包括温室灌溉方式、温室灌溉原理等内容。总体来讲，温室作为一个封闭系统，温室内灌水量决定着内部空气和土壤湿度，而空气和土壤湿度共同构成设施作物生长的水环境，影响设施作物的生长发育。目前，设施内使用的灌溉系统有很多，每一种灌溉方式又有各自的特点。本案例对不同灌溉方

[1] 1亩=667m^2。

式进行了简要介绍。针对广泛使用的滴灌系统，本案例通过设计、安装运行设施滴头灌溉系统，阐明该系统的运行与设施环境调控之间的关系。运行设施滴灌系统，不仅可以降低劳动强度、提高劳动效率，而且可以充分发挥系统的最佳灌溉效果，为设施作物的优质高产创造了条件。

五、思考题

1. 简述设施中灌溉系统的组成。
2. 简述滴灌水的分布特点。
3. 简述滴灌灌水器的种类及其性能特点。

六、 本案例课程思政教学点

教学内容	思政元素	育人成效
设施灌溉系统安装与运行管理案例	创新思维、生态思想、职业道德、工匠精神	使学生根据不同作物生产环境特点及栽培模式、植物生长需求，用生态的理念和创新的思维方法进行灌溉系统设计和应用，达到节约水肥资源、减少农药的施用、实现提质增效等目的。此外，在设计、施工和应用过程中，要有严谨踏实的工匠精神和职业道德，培养知农爱农的创新型人才

七、参考文献

[1] 韩东奎，蔡峰．新型温室灌溉技术［J］．中国花卉园艺，2013（10）：52-53.

[2] 李建明，潘铜华，王玲慧，等．水肥耦合对番茄光合、产量及水分利用效率的影响［J］．农业工程学报，2014，30（10）：82-90.

[3] 董向辉．日光温室灌溉技术及装备研究［J］．农业科技与装备，2018（05）：69-70.

[4] 李建明，樊翔宇，闫芳芳，等．基于蒸腾模型决策的灌溉量对甜瓜产量及品质的影响［J］．农业工程学报，2017，33（21）：156-162.

[5] 刘亚秋，朱景峰．大棚温室软管滴灌系统组成及注意事项［J］．现代农业科技，2011（09）：244-245.

设施灌溉系统安装与运行管理案例

主讲人：张俊威

单位：西北农林科技大学园艺学院

案例十一

设施CO_2施肥系统安装与运行管理案例

设施自身的相对密闭性，常使作物处于 CO_2 饥饿状态，成为限制光合作用及产量的重要因素之一。因此 CO_2 浓度升高对 C_3 植物而言具有显著的“CO_2 施肥效应”。CO_2 作为植物光合作用的原料，其浓度高低直接影响 Rubisco 催化活性和方向、调节电子传递速率，进而影响植物光合速率和活性氧代谢。

蔬菜设施栽培增施 CO_2 技术是实现蔬菜高产优质的重要技术措施之一。国外对 CO_2 施肥技术研究较早，特别是荷兰、德国、加拿大等设施栽培发达国家的应用较普遍，作物增产效果十分明显。我国由于技术条件、经济水平、CO_2 来源等因素限制了该项技术的推广应用。近年来，随着我国设施栽培从面积扩大向提质增效的减肥减药方向发展，设施内 CO_2 施肥作为一项高产、优质、抗病的技术措施，越来越受到园艺工作者和广大菜农的关注。

一、案例背景

本案例位于陕西省咸阳市杨凌现代农业示范园区创新园无土栽培馆内，本案例主要讲述了温室内的 CO_2 施肥系统类型及原理、安装方式和注意事项等，让读者可以更好地了解温室内的 CO_2 施肥系统。

二、案例内容

CO_2 施肥系统是基于 CO_2 施肥效应设计的，适当增加温室内 CO_2 浓度可有助于植物生长，有效避免 CO_2 浓度缺失造成的植物光合作用下降及逆境伤害。CO_2 施肥系统的主要设备是 CO_2 施肥器，在温室中应用的设备主要分为燃气式和化学反应式两类（图 11-1）。

图 11-1　燃气式施肥器和化学反应式施肥器

（一）燃气式和化学反应式 CO_2 施肥系统原理

燃气式施肥器主要是通过充分燃烧沼气、天然气产生 CO_2，可通过燃烧时间以及设施内 CO_2 浓度来自动控制 CO_2 的释放。原理见图 11-2。

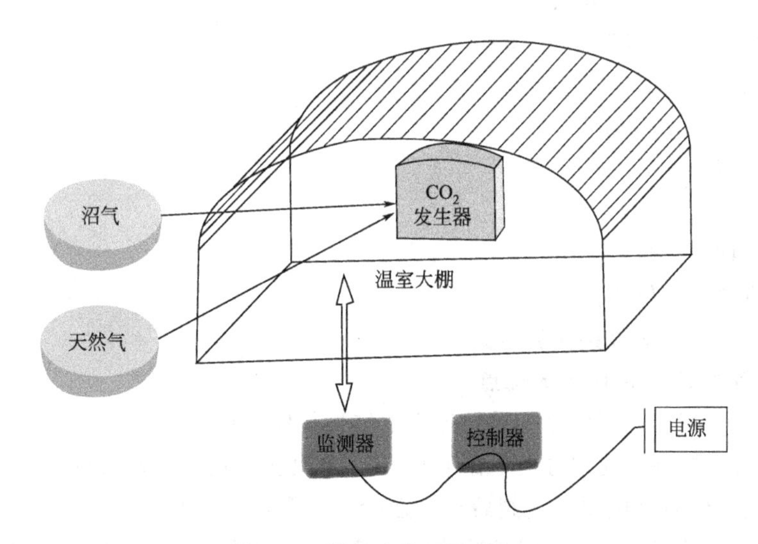

图 11-2　燃气式施肥器原理图

化学反应式施肥器采用强酸和强碱的不可逆化学反应产生 CO_2 气体，一般采用硫酸-碳铵反应系统，利用强酸与碳酸盐反应产生 CO_2。其反应原理是：

$H_2SO_4 + 2NH_4HCO_3 \longrightarrow (NH_4)_2SO_4 + 2CO_2\uparrow + 2H_2O$，所产生的 CO_2 供作物吸收利用，残留物的主要成分是硫酸铵，可收集后作追肥用，同时给作物补充了碳、氮和硫三种营养元素。

杨凌现代农业示范园区创新园内无土栽培馆内 CO_2 施肥系统是燃气式施肥器和化学反应式施肥器，并配有 CO_2 监测设备（图 11-3）。

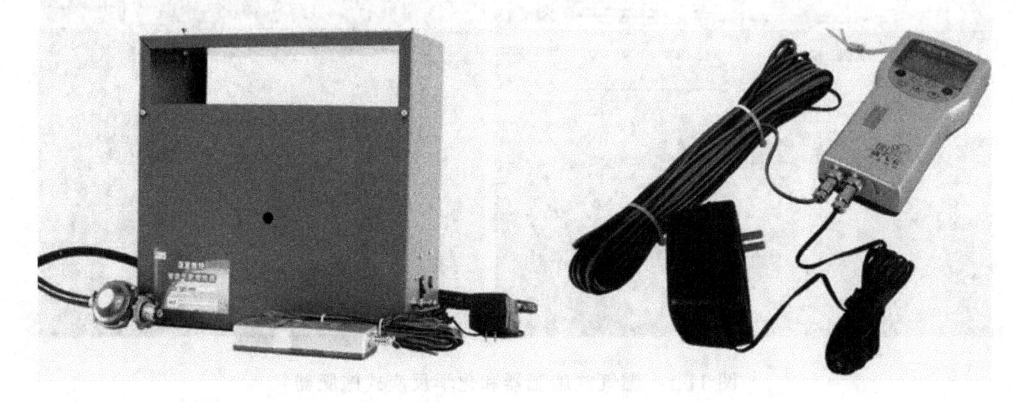

图 11-3　CO_2 施肥系统

（二）燃气式 CO_2 施肥系统

1. 燃气式 CO_2 施肥器的技术参数

燃烧气体：沼气、天然气

测量范围：0～5000μmol/mol

测量误差：≤3%

分辨率：1μmol/mol

预热时间：＜5min

响应时间：＜60s

调校周期：1 年

采样方式：气体扩散

供电方式：24V 外接交流电源

2. 燃气式 CO_2 施肥器的优点

① 准确度高、运行可靠　采用先进的红外气体分析技术及智能控制技术。

② 全自动控制，使用方便　配有电子点火模块，均由自动控制系统完成，无需人工手动控制打开电源及气阀后自动运行，不需要人工干预。

③ 产品设计安全　配备保护装置，一旦发生器翻倒，“防倾倒”开关可以即刻关闭主燃料室的燃料，制止泄漏和火灾的发生。

④ 燃气式 CO_2 施肥器采用半空悬挂式设计　由于半空悬挂式设计有可能会出现非正常情况下的外力接触而迫使 CO_2 施肥器倾斜或翻倒，将使燃气燃烧不充分或者燃气泄漏，直接影响到 CO_2 的产量，安装有采用重锤原理设计的防翻倒装置，只要发生不按照安装要求水平安装 CO_2 发生器情况时，防翻倒装置将迫使主机处于关闭状态，直至自动水平调整到位后方可正常使用，这样既保证燃料

充分燃烧产生足够量的 CO_2，又能防止安全事故的发生，保障在整个使用过程中不发生意外和危险，所以安装过程只需要注意水平安装，将气阀连接气体管即可（图 11-4）。

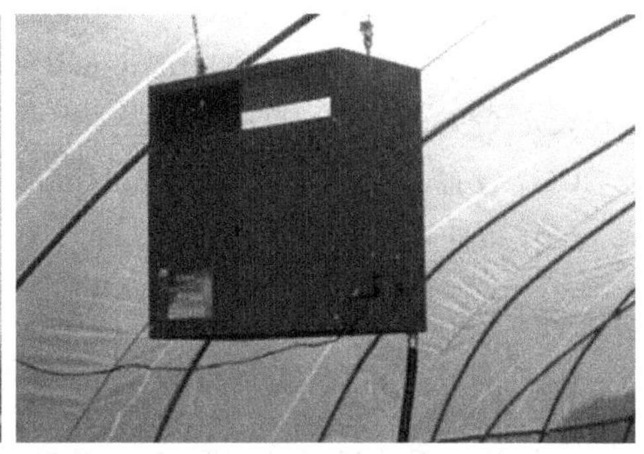

图 11-4 现场使用

燃气式 CO_2 施肥器的注意事项主要有以下几点：①阴天或阳光不足不施用；②施肥器必须水平悬挂；③气体施肥期间，温室严禁通风，保持温室密闭性。

（三）燃气式 CO_2 施肥系统

化学式 CO_2 施肥器安装步骤：将一级过滤器上的连接管接在反应腔的排气管上，二、三级过滤器依次连接，仔细检查发生器有无漏气现象，尤其是各级输气管和接头处。确认无泄漏后，将发生器放到与作物分隔开的平稳干燥处（最好放于温室耳房中）。将排气管沿温室东西走向放在地面或悬挂在距地面 1～2m 的高度，放在室内中央位置。

化学式 CO_2 施肥器注意事项主要有以下几点：①阴天或阳光不足不施用；②CO_2发生器最好放在温室耳房干燥处；③气体施肥前，检查装置，保证每个接口不漏气；④气体施肥期间，不要轻易开关反应锅盖和按开关按钮；⑤气体施肥期间，温室严禁通风，保持温室密闭性；⑥每次使用完毕后，等到容器冷却，无残留气体泄漏时，将容器盖及正负压阀、过滤器负压阀冲洗干净后拧在相应的接口处；⑦气体施肥结束后，将反应锅残留物质清理干净；⑧如有氨气泄漏，立刻切断电源，迅速打开温室通风口，以防氨气对作物造成伤害；⑨严禁在碳酸氢铵中加水或其他物质，影响气体释放效果。

（四）CO_2 监测控制器

型号：LQ-NYZB004-1

探测元件：非色散红外传感器（NDIR）

电源：220VAC～240VAC/100～120VAC

功率：5W

精度：22℃（72 ℉），±40μmol/mol+读数的3%

响应时间：对 90%的改变<2min

预热时间：<2min（操作），10min（精度）

CO_2 测量范围：0～9999μmol/mol（默认）、0～(1000～20000)μmol/mol，可编程设定 0～50000μmol/mol 可选

CO_2 设置/显示分辨率：1μmol/mol

工作条件：0～50℃(32～122 ℉)；0～95%RH，不冷凝

存储条件：-40～70℃(-104～158 ℉)

（五）CO_2 施肥系统运行调控

整体施肥系统运行可按照 CO_2 浓度、太阳辐射、时间三方面进行控制，控制条件根据不同作物进行调整。

(1) CO_2 浓度调节控制

温室内的 CO_2 浓度值并不确定，各种作物所需浓度也不一定一样。因此，可先通过 CO_2 浓度传感器的信号处理模块进行 CO_2 浓度测定，当经过补给升至设定浓度时，传感器给出关闭信号，当浓度不足时，则给出开启信号，整个施肥过程中自动调节到适宜作物生长的 CO_2 浓度。

(2) 太阳辐射调节控制

温室内的 CO_2 是在作物有充分日光的情况下才需要的，日光越强需求量则越大，反之则应减少。这个过程是通过光敏传感器的信号处理模块来实时调节的。光敏传感器随着日光照射的强弱给出开启和关闭的信号，实现在节约能源的前提下最大限度地给作物提供充足的 CO_2，保证既不会浪费资源又可避免因为浓度过高或过低而影响作物生长的情况发生。

(3) 时间调节控制

CO_2 浓度传感器的信号和光敏传感器的信号到达控制器后开始进行信号处理，来对 CO_2 释放的时间自动控制。根据浓度设定要求，自动调节控制，当气体需要施放时自动开启开关，一旦 CO_2 浓度达到设定值时则自动关闭。日光照射不足时开关自动关闭，日光照射恢复后自动开启，使得 CO_2 浓度最大限度地满足作物生长的需要。

（六）作用效果

根据温室内作物生长情况相对精准地调控各环境因子，为作物生长创造相对较适宜的环境条件，病害发生率降低了 50%以上，产量提高了 15%以上，生产成本降低了 50%以上，因此，整体经济效益提高了约 30%以上，前景可观。

三、 案例解析

（一）设计原理评价

CO_2 是光合作用的重要原料之一，在一定范围内，植物的光合产物随 CO_2 浓度的增加而提高。秋冬季温室生产中，因为温度的需求，温室多数时间处于相对封闭的状态，造成室内 CO_2 亏缺。通过 CO_2 施肥系统可以补充室内 CO_2，提高蔬菜作物的光合作用，增加产量。燃气式施肥器主要是通过充分燃烧沼气、天然气等气体产生 CO_2，可通过燃烧时间以及设施内 CO_2 浓度来自动控制 CO_2 的释放。化学式 CO_2 施肥器，采用强酸和强碱的不可逆化学反应产生 CO_2 气体，一般采用硫酸-碳铵反应系统，利用强酸与碳酸盐反应产生 CO_2。两者均通过化学反应产生的 CO_2 供作物吸收利用，残留物无害，或可收集后作追肥用。因此，该设计科学合理、安全可靠、无害易操作，切实符合日光温室实际生产需求。

（二）施工程序科学性评价

CO_2 施肥系统在施用过程中，首先需要对装置进行布设，布设需要根据温室类型规格，CO_2 施肥的方法以及作物对 CO_2 的需求特点进行合理布设。其次使用前需仔细检查装置，保证每个接口不漏气，同时需要根据环境条件（温度、光照）以及作物的生长特性确定施用浓度。施用期间，温室严禁通风，保持温室密闭。最后气体施肥结束后，将反应锅残留物质清理干净，1.5～2h 后再适时通风。对于以上施工程序中，合理布设是因为布置不合理会使室内 CO_2 浓度不均匀，致使不同地点的作物光合强度差异增大，影响 CO_2 的施用效果。漏气会导致 CO_2 施用不均匀以及浪费。阴天或阳光不足时不施用，此时 CO_2 不是作物光合作用的主要限制因子，增施 CO_2 对作物光合作用改善不明显。不同植物不同生长期对 CO_2 的需求浓度不同，CO_2 浓度低达不到最佳效果，CO_2 浓度高会引起作物的异常生长、叶片失绿黄化、卷曲畸形坏死等，因此 CO_2 施用浓度直接决定施肥效果。施肥期间，密闭温室是为了减少 CO_2 外溢，提高肥效。CO_2 燃烧设备或发生器均为简单的理化反应，后通过排气管进行释放，整个流程简单易操作，安全性较高。

（三）工程性能评价

常温下 CO_2 比空气重。因此，温室内的 CO_2 大多数分布在地面向上垂直距离 1.2m以下，而大多数果菜类蔬菜主要产量构成范围就在此空间。研究表明在黄瓜采收初期测量温室内地面以上 120cm 和 160cm 处的 CO_2 含量分别为 300mg/kg、150mg/kg，远低于设施蔬菜生产所需的 CO_2 浓度 1000～3000mg/kg，采用 CO_2 施肥系统可以稳定、精准地补充温室内的 CO_2，能极大促进植物光合作用、促进生长，且能在很大程度上提高作物的品质。无论是叶菜类还是果菜类，在

CO_2 浓度增加时，除光合速率明显提高外，其株重、叶面积及干叶比均增加。增施 CO_2 条件下，一般设施黄瓜增产 1000～1500kg/亩，设施茄子增产 1500～1750kg/亩，设施青椒增产 500～750kg/亩，设施番茄增产 750～1000kg/亩，增产幅度 15%～20%；施用 CO_2 可提高果菜类结果率，黄瓜的结瓜率可提高 27.1%，在青椒开花结果期施用 CO_2 单株开花数增加 2.4 个，单株坐果率增加 29%；增施 CO_2 可提高蔬菜产品品质，增施 CO_2 番茄维生素 C 含量增加 12.52%～38.60%，可溶性糖含量增加 45.77%～85.92%，硝酸盐含量下降 7.78%～38.18%，可明显改善番茄的品质。

（四）工程经济评价

已有案例表明，采用 CO_2 增施技术后，设施典型农作物年均每亩产量可提高约 3000kg，每亩增收约 6000 元。以本案例中 1 亩地的单栋日光温室为例核算，采用燃烧法或化学反应法供给 CO_2 后能提高番茄产量 20%以上，减去所需的物资成本，纯经济效益能提高约 3000 元以上。由此可见，适时补充 CO_2 可通过提高植物光合作用，调控植物体多种代谢，最终提高产量、品质。

（五）总体建议及注意事项

该案例使用过程中，应特别注意设施内 CO_2 浓度以及光照的实时监测，以实现相对最佳的作物光合，并避免作物 CO_2 中毒及相关的安全事故。

对于果菜类蔬菜如番茄、黄瓜、辣椒等蔬菜作物从定植到开花期间可少施用 CO_2 气肥，适当控制营养生长，加强整枝打叶、点花保果；在开花期至果实膨大期施用 CO_2 气肥效果最佳，一般使用 10～20d 后效果明显。连续施用比间歇式或时用、时停增产效果要好。深冬期间棚室不放风，追施 CO_2 的时间不应间断，故除雨雪天气外，应连续使用，不可突然终止使用气肥。增施 CO_2 基本上不改变原来的田间管理方法，但是由于增施 CO_2 后作物生长旺盛，水、肥量还应适当增加，但应避免水、肥过多而造成徒长，宜增施磷肥、钾肥，适当控制氮肥。

四、案例总结

本案例涉及的知识点主要包括 CO_2 施肥、设施环境调控、栽培学等内容。总体来讲，温室栽培过程中常常出现 CO_2 供给不足的现象，导致作物光合速率下降，影响长势，甚至造成作物的枯萎死亡。为了保证温室中 CO_2 浓度稳定，CO_2 施肥系统应运而生，常见的制取方法分为固态 CO_2 制取法、液态 CO_2 制取法、燃烧沼气和天然气制取法、化学反应制取法和增施有机肥制取法 5 种。本案例选用化学反应制取法及燃烧沼气和天然气制取法的施肥器。化学反应制取法利用强酸与碳酸盐反应产生 CO_2，这种施肥器不易产生有害气体，并且生成物质可作为肥料补给营养元素；燃气式施肥器主要是通过充分燃烧沼气、天然气产生 CO_2。

五、思考题：

1. 设施内为什么要进行 CO_2 施肥？
2. 燃气式和化学反应式 CO_2 施肥系统原理分别是什么？
3. 化学式 CO_2 施肥器注意事项有哪些？
4. 如何进行 CO_2 施肥系统运行调控？

六、本章课程思政教学点

教学内容	思政元素	育人成效
设施 CO_2 施肥系统安装与运行管理案例	创新思维、生态思想、职业道德、工匠精神	使学生根据作物光合作用对 CO_2 的需求以及生产环境特点，从不同的角度和思维进行 CO_2 浓度的调控，用辩证的创新思维为作物创造适宜或更优的 CO_2 环境。此外，在设计、施工和应用过程中，要有严谨踏实的工匠精神和职业道德，培养知农爱农的创新型人才

七、参考文献

[1] 潘铜华．CO_2 富集与光强互作对番茄光合碳同化的影响及代谢组研究［D］．杨凌：西北农林科技大学，2019.

[2] 贺超兴，赵春雷，李继缔．温室蔬菜 CO_2 施肥技术研究进展［J］．蔬菜，2017，7：27-33.

设施二氧化碳施肥系统安装与运行管理案例

主讲人：焦晓聪

单位：西北农林科技大学园艺学院

案例十二

设施环境综合控制系统安装与运行管理案例

作物的生长过程本质是作物受环境、营养、水分等外部因子作用，并对其进行转化的复杂的动力学过程。设施内作物生长环境参数的空间分布性强、时空变异性大、多参数间相互影响，加上不同种类作物之间的差异，造成传统的栽培和环境调控方式很难适应不同种类、不同生育期的作物生长需要。要想获得高产优质的产品和高经济效益的回报，应具备先进适用的信息检测和环境控制手段。要为作物提供优化的生长环境，就必须从温室作物的生长状态、生长模型及其与环境的作用关系着手，将生物-环境-工程相结合，研究环境优化调控的生理机制，优化调控方法和控制系统，有效地改善温室作物的生产条件，提高光能资源的利用效率，从而实现设施作物的高产、高效、优质生产。因此，先进适用的温室环境控制技术在现代设施农业生产中占重要的地位。

一、案例背景

本案例位于陕西省咸阳市杨凌现代农业示范园区创新园内无土栽培馆内，本案例主要讲述了环境综合控制系统安装与运行管理，让读者可以更好地了解温室环境综合控制。

二、 案例内容

无土栽培馆内的环境综合控制系统是基于可编程逻辑控制器（PLC）的智能温室控制系统，采用服务器到客户终端的控制模式，从传统的单因子控制方式转变为多因子控制方式。

（一）系统控制方案

采用上位机-计算机和下位机-三菱可编程控制器作为分布式智能温室控制系统的主控部分，即两级监控系统。上级控制系统用于对智能温室进行监控及参数设定；下级系统用于采集温室参数和逻辑运算，并对调控设备进行控制。控制系统的总体结构如图 12-1 所示。

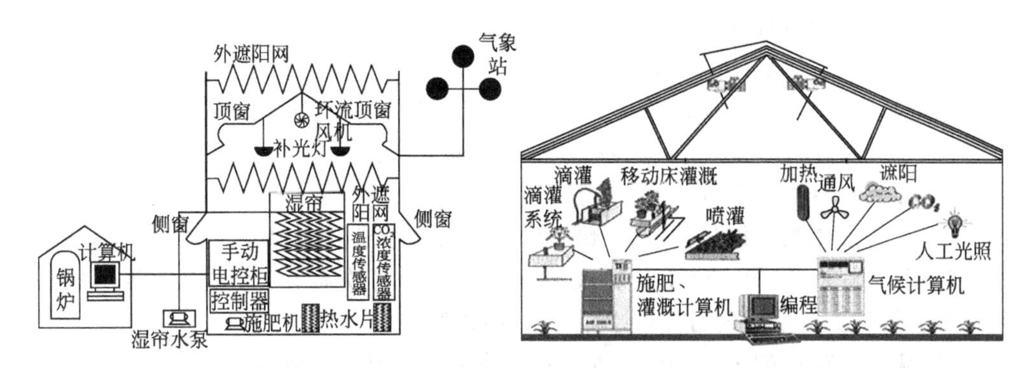

图 12-1　温室环境综合控制系统总体结构示意图

智能温室控制系统采集安装在温室内的温度、湿度、CO_2 浓度、光照强度、基质 pH 值等传感器的模拟量信息，经过模拟量输入模块的转换后传送至 PLC 内，然后通过控制温室内暖气、风机湿帘、天窗、侧窗、湿帘水泵、遮阳幕等设备，对温室内的环境因子进行调节，为种植的作物提供适宜的生长环境，提高作物的产量和品质。

（二）系统硬件设计

1. 信息采集系统

根据无土栽培馆的面积，采用 5 个型号为 RS-WS-N01-2-＊的温湿度变送器采集室内温湿度，3 个型号为 Pt100 的温度传感器采集温室内基质温度，3 个型号为 Pt100 的温度传感器采集温室内营养液温度，1 个型号为 HSTL-ZFSQ 的太阳辐射传感器采集室内太阳辐射，2 个型号为 E-201-C 的 pH 探头采集温室内基质 pH 值，2 个型号为 E-201-C 的 pH 探头采集温室内营养液 pH 值，2 个型号为 $ECCO_2$ 的 CO_2 变送器采集室内 CO_2 浓度，室外设置 Hobo 公司的 AWS 自动气象站。

各硬件的参数如下：

（1）RS-WS-N01-2-＊温湿度变送器

直流供电（默认）：10～30V DC；精度（默认）：温度±0.5℃（−40～80℃，25℃）、相对湿度（RH）±3%（5%～95%，25℃）；响应时间：湿度≤8s、温度≤25s。

（2）Pt100 型温度传感器

测量范围：−200～850℃；允许偏差值 Δ℃：A 级±$(0.15+0.02|t|)$、B 级±$(0.30+0.005|t|)$；热响应时间≤30s；允通电流 5mA。

（3）HSTL-ZFSQ 型号太阳辐射传感器

测量范围：0～2000W/m^2；光谱范围 0.3～3μm；灵敏度：7～14μV/(W・m^2)；响应时间≤35s。

（4）E-201-C 型号 pH 探头

pH 测量范围：0～14；pH 测量精度：≤0.01；适用温度：0～60℃；响应时间：5s；等电位点 pI：7±0.5。

（5）$ECCO_2$ 型号 CO_2 变送器

测量范围：400～5000μmol/mol（默认）；精度：±（40μmol/mol＋3％F·S）（25℃），适用温度：－10～50℃数据；更新时间：2s。

（6）AWS 自动气象站

AWS 自动气象站提供了一组预先配置好的传感器，包括空气温度、相对湿度、气压、风速、风向、降雨量和太阳辐射或光合有效辐射 PAR 传感器。AWS 可以根据传感器测量到数据自动计算 VPD 和蒸发量。

① 温度　测量范围：－40～120℃；分辨率：0.01℃；精确度：±0.3℃

② 太阳辐射　测量范围 0～1750W/m^2；分辨率：1W/m^2；精确度：1W/m^2

③ 湿度　测量范围：0～100％；分辨率：0.05％；精确度：±2％

④ PAR　测量范围：2000μmol/（m^2·s）；分辨率：2μmol/（m^2·s）；精确度：2μmol/（m^2·s）

⑤ 风向　测量范围：0～360°；分辨率：1°；精确度：7°

⑥ 降雨量　测量范围：0～500mm/h；分辨率：0.2mm；精确度：±3％

⑦ 气压　测量范围：50～115kPa；分辨率：0.15kPa；精确度：±1kPa

⑧ 风速　测量范围：0～58m/s(0～209km/h)；分辨率：0.45m/s（1.6km/h）

⑨ 精确度　±5％

2. 硬件结构设计

温室的硬件系统由上位计算机、下位机 PLC 及其扩展模块、湿度传感器、温度传感器、太阳辐射传感器、CO_2 浓度传感器等信息采集系统和 A/D、D/A 模拟信号输入输出模块组成。智能温室系统硬件结构框见图 12-2。

（三）现场安装

现场安装见图 12-3～图 12-5。

（四）系统运行

智能温室的环境控制因子较多，因此采用顺序控制的方式。首先对各控制部分参数进行初始化，参数设定完成后逐步实现温度、湿度、CO_2 浓度和光照强度的控制。开始后首先进行 PLC 电池的自检和各部分控制参数的初始化，当确定 PLC 电池能够正常工作，且各部分控制参数初始化完成后，以此再进行各部分的调节。以温度控制为例，温度系统的初始化给出设定的温度值以及适合植物生长的温度上、下限（数字量），同时还有比例-积分-微分控制器（PID）运算的各个参数，初始化完成后，进行 A/D 转换，然后进行手动/自动控制模式切换、夏天/冬天控制

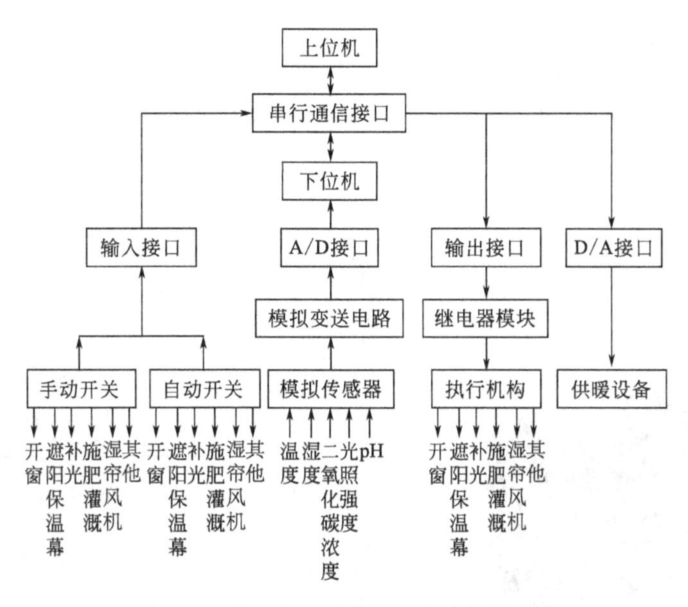

图 12-2 智能温室系统硬件结构框示意图

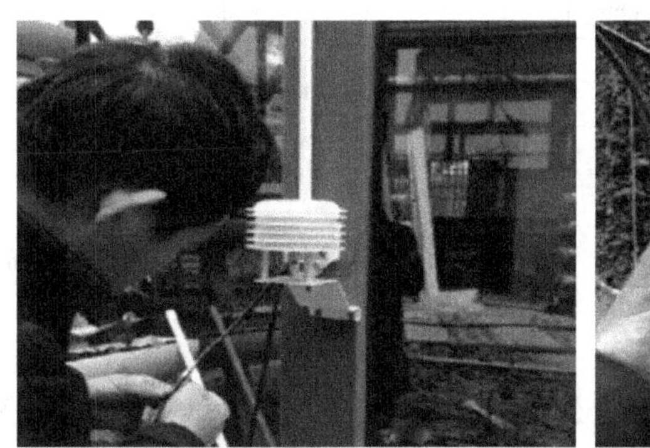

图 12-3 安装太阳辐射传感器和温度湿度变送器

图 12-4 安装配电箱及各部分接线

模式切换、报警及报警处理的设置。温度的自动调节采用 PID 控制。温室环境综合控制流程及控制系统界面分别见图 12-6 和图 12-7。

图 12-5 安装室外气象站

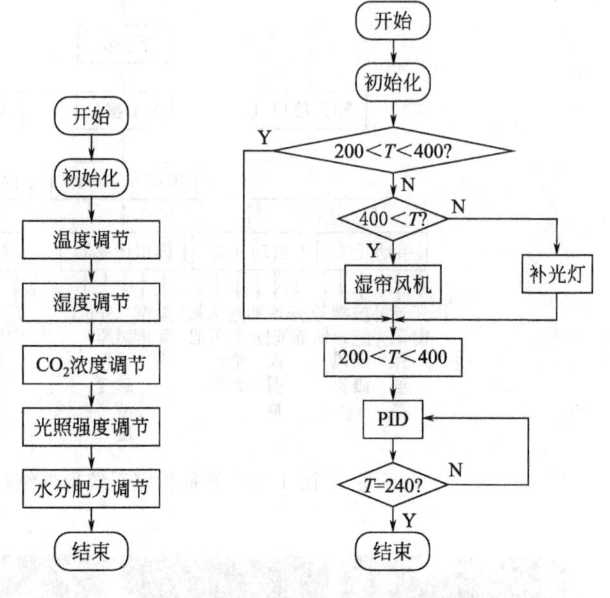

图 12-6 温室环境综合控制流程

[T 为光辐射量，mol/(cm^2 · s)]

图 12-7 操作系统界面

(五) 注意事项

温室环境综合控制系统是一个耦合多因子的环境控制系统，在实际安装与使用过程中需要注意以下几点：

① 各传感器放置位置要合理，能够代表温室的环境条件；

② 传感器使用前要进行调试，保证其准确性并在使用过程中要定期调试；
③ 传感器要定期维护，日常使用过程中要避免出现不必要的损坏；
④ 选择传感器要了解内建公式是否符合整个系统，输出信号是否可以接入转换；
⑤ 温室各种机械设备、电路要定期检修维护以保证整个系统运行的良好性。

（六）作用效果

根据温室内作物生长情况相对精准地调控各环境因子，为作物生长创造相对较适宜的环境条件，病害发生率降低了 50%以上，产量提高了 15%以上，生产成本降低了约 50%以上，因此，整体经济效益提高了约 30%以上，前景可观。

三、 案例解析

（一）设计原理评价

温室环境综合控制系统设计的目标是解决传统农业中温、光、水、气、肥等环境因素受外界影响问题，为植物提供适宜环境条件，促进植物生长。与单一的环境因子控制相比，环境综合控制系统更加科学合理。温室环境是一个多变量的大惯性非线性系统，并且存在耦合、延迟等现象，环境因子之间并不是互相独立的，各个子系统控制回路彼此耦合在一起，例如温度降低会使得湿度减小，而光照强则会使温室温度升高等，为了取得良好的控制效果，就必须对综合环境信息进行协调控制。因此采用“多因子综合控制”可实现环境要素的优化组合，促进植物生长，提高农业生产效率。

该案例介绍的设施环境综合控制系统，采用上位机和下位机作为分布式智能温室控制系统的主控部分，即两级监控系统。上级控制系统用于对智能温室进行监控及参数设定；下级系统用于采集温室参数和逻辑运算，并对调控设备进行控制。上、下位机之间实现主从式通信，对温室进行全面监测、管理和控制。该系统设计科学合理，监测、控制精准，智能化高，简单易操作。

（二）施工程序科学性评价

该案例所述的设施环境综合控制系统，首先根据设施内面积及种植情况，进行各环境因子信息采集系统布点，布点以全面、准确反映植物冠层的环境条件为准。其次进行系统的安装，以不对植物生长及生产作业空间产生干扰为宜。最后进行系统参数设置、调试运行，系统运行过程中，多环境因子的控制采用顺序控制方式。整个施工程序先设计再安装，科学合理，可操作性强。

（三）工程性能评价

该案例所述的设施环境综合控制系统，能实时监测温室内的环境因子，并进行相应的调控。基于 PLC 的温室环境远程控制装置，是一种新型的通用自动控制装置，它将传统的继电器控制技术、计算机技术和通信技术融为一体，具有易于编程、可扩展性强、可靠性高等优点，适宜长期连续工作，非常适合高效温室的控制要求，并且其指令功能强大、存储容量也比较大，而且是模块化结构，扩充方便。可动态、实时监测室内外环境因子的变化，根据作物生长的要求对参数进行匹配，同时完成与上位机的通信，整个温室环境控制系统高效、稳定。

本案例中控制系统采用比例-积分-微分控制器（PID）运算的各个参数，该控制器（PID）是目前工业过程控制的主要控制手段。其实质是不让偏差信号直接控制闭环系统，而是先将偏差信号做一些数学处理，需要经过放大、积分、微分处理后，才能去控制闭环系统。比例控制速度快；积分控制可以减小或消除静差，提高精度；而微分控制则可以抑制过大的超调量，提高稳定性，因此将三者结合起来，形成的比例-积分-微分控制器（PID），使系统达到更好的控制效果。

整个环境控制系统能有效提高温室生产的环控自动化，保障作物生长所需的适宜环境，提高温室作物生产效率。

（四）工程经济评价

通过应用该案例所述的设施环境综合控制系统，能大大降低人力成本，提高作物生产效率，最终增加作物经济效益。

（五）总体建议及注意事项

温室综合环境调控系统，可实现高效、高产和优质的农业生产，使农业走向集约化、规模化和现代化，但其投入成本较高。因此，在选用时需考虑投入产出比，较适合应用于大型现代化温室。

该案例使用过程中，首先要注意前期布点时应根据温室内的面积及环境布局，科学合理，所采集数据具有代表性。因此，必须避开温室骨架或附近有高大植物遮蔽的地方，同时要防止阳光直射，保持周围空气流通。温度、湿度传感器的布设应选在监测区域中央的植物旁，传感器探头垂直置于植物上方 15cm 处。光照传感器置于监测区域中央，垂直高度位于地面上方 2.5m 处。依据植物一天不同时段对气候要求不同，可将一天 24h 至少划分 4 个时段，分别给予不同设置。作物容许范围内，目标温度一般维持在平均温度，可适当增加日夜温差；同时，为节省能源，目标加热温度与目标降温温度要有适当间隔，一般保持在 2℃左右。控制端位于温室入口，宜设独立的控制机房，机房宜控制温度（20～25)℃、湿度（65％～70％)。此外，应特别注意各环境监测设备传感器的定期检查、维护，确保其精确性。

四、案例总结

案例涉及的知识点主要包括设施环境工程、自动化控制、电气工程等内容。总体来讲，设施内作物的正常生长是温度、湿度、CO_2 气体、光照和营养液等生长环境因子综合作用的结果。这些因子不能单独地、静态地考虑，而应该从整体上、动态地研究综合环境控制问题。设施环境综合控制系统就是用来对温室环境进行监测和控制，从而保持作物栽培的最佳环境条件。现常见于大型智能玻璃温室、部分日光温室和大棚。温室内监控项目包括室内气温、土壤温度、相对空气湿度、保温幕状况、通窗状况、各类电机、水泵的工作状况、CO_2 浓度、各类气体、营养液、土壤、基质pH值等农业环境要素；室外监控项目包括大气温度、太阳辐射强度、风向风速、相对湿度等。设施环境综合控制系统根据作物栽培的环境要求，通过控制系统，自动控制开窗、湿帘风机、遮阳网、保温幕、加热设备、施肥灌溉、补光等环境控制设备，自动调控设施内环境，为作物提供最佳的生长环境。该类系统的应用给种植者带来了一定的经济效益，提高了决策水平，减轻了技术管理工作量。

五、思考题

1. 设施环境控制系统硬件由哪些部分组成？
2. 设施环境控制系统使用时注意事项有哪些？
3. 设施环境控制系统方案有哪些？

六、本章课程思政教学点：

教学内容	思政元素	育人成效
设施环境综合控制系统安装与运行管理案例	辩证思维、生态思想、职业道德、工匠精神	使学生根据作物生长所需的温、光、水、气、肥等环境因子，用辩证思维去考虑植物自身的生长对环境因子的需求和动态平衡，并始终注重生态环境的保护。此外，在设计、施工和应用过程中，要有严谨踏实的工匠精神和职业道德；培养知农爱农的创新型人才

七、参考文献

[1] 毛罕平，晋春，陈勇．温室环境控制方法研究进展分析与展望［J］. 农业机械学报，2018，49（2）：1-13.

[2] 李萍萍，王纪章．温室环境信息智能化管理研究进展［J］. 农业机械学报，2014，45（4）：236-243.

设施环境综合控制系统安装与运行管理案例

主讲人：肖金鑫

单位：西北农林科技大学园艺学院

案例十三

西甜瓜工厂化育苗关键技术案例

工厂化育苗是由先进的育苗设施、设备及种苗生产车间构成的，将现代生物技术、环境调控技术、施肥灌溉技术、信息管理技术贯穿种苗生产过程。以现代化、企业化的模式组织种苗生产和经营，从而实现种苗的规模化生产。工厂化育苗在智能温室中进行，其自动化控制系统采用计算机集散网络控制结构对温室内的空气温度、土壤温度、相对湿度、CO_2 浓度、土壤水分、光照强度、水流量以及 pH 值、EC 值等参数进行实时自动调节、检测，创造植物生长的最佳环境，使温室内的环境接近人工设想的理想值，以满足温室作物生长发育的需求。充分利用智能温室的高科技优势，可生产出质量好、根系发达、活力强、不带传染病害、成活率高的优质种苗，克服传统育苗的费工、费时、费力、消耗能源、品种混杂、病虫害严重和质量差、效率低等问题，科技贡献率超过 80%。

一、案例

本案例以杨凌现代农业示范园区创新园育苗温室为对象，介绍智能温室西甜瓜工厂化育苗的播种流程及苗期管理技术，以期通过案例陈述，让读者对工厂化育苗技术有较为清楚的理解和认识。

1. 种子处理

种苗生产中，无论采用何种育苗方式，在播种后都应力争使种子早发芽，达到早出苗、早齐苗的要求，才能培育成壮苗，为早熟、丰产打下良好的基础。为达到此目的，一个极其重要的农艺措施就是播种前种子处理，通过不同方法的处理，可以促进种子发芽出苗，减少病虫害发生。有些种子由于种皮较厚或具角质层，吸水困难或较慢，为提高出苗率，须用水浸种。

① 浸种、消毒　采用 55℃温汤浸种消毒，时长 3～4h，使种子充分吸水，浸种时间过长会导致种子内部养分外渗，甚至缺氧死亡。先将种子装入网袋，备好标签，标签记录日期、品种名、农户名、种子数量。此外，也可采用药剂消毒方式，

将种子放入装有1000倍84消毒液的泡沫箱内浸泡20min，再用清水冲洗。

② 催芽 浸种结束后，捞出沥去多余水分，用清洁、湿润的纱布包好，置于托盘上，放入催芽箱内催芽，温度在30℃左右。在催芽过程中，注意保温保湿。当种子破口稍露的芽呈现“芝麻白”时，即应播种，切勿让种芽生长超过0.5cm长。如果遇不好天气不宜播种时，应将种子摊开，上盖湿布，置于10～15℃条件下控制生长，天气好转立即播种。

2. 基质准备

使用的育苗基质主要营养成分为腐殖酸≥26%、天然有机质≥46%、氮磷钾≥3%、水分≤23%，pH5.5～6.5。播种前，要做好育苗基质的消毒工作，将基质倒入搅拌机内加入百菌清搅拌消毒，洒上适量的水，水量以把基质握住松开后不结球为宜。

3. 播种

种子露白后，即可开始播种。若过迟则种子贮藏养分消耗过多，使秧苗长势变弱，甚至不出苗。穴盘穴孔点播一粒“露白”的种子，种子要芽朝下放或平放，以防子叶“带帽出土”，这样摆放种子，出苗质量好。

工厂化育苗播种流水线的基本工作流程为基质填充、刷平压穴、播种、覆土、刮平、喷水。工厂化穴盘育苗，播种应由精量播种机来完成，这样可以保证播种深浅均匀一致，保证出苗的整齐度。

4. 覆盖基质

播种后应立即盖一层基质，即“盖籽土”，以保持床土水分，防止过分蒸发，同时还有助于子叶脱壳出苗。为防止苗期病虫害，要盖上拌过药剂的基质。基质覆盖厚度一般为种子大小的3～5倍，即0.5～1.5cm。一般甜瓜覆盖基质厚度为0.5cm，西瓜为1cm最佳，葫芦、苦瓜为1.5cm。基质覆盖过少易干燥，影响出苗，而且常会出现“带帽苗”等弱苗。过厚则种子耗尽养分后，子叶仍难顶出土面。覆基质时还应注意，整个苗床厚度要均匀一致，以利出苗整齐，便于管理。为保证育苗期间充足的水分供应，减少幼苗生长期间的浇水量，在放上苗床前要浇足水，浇水量要一致，这样可保证出苗整齐，幼苗生长也容易整齐一致。在冬春育苗时，放上苗床后应在床面上覆地膜，达到保湿保温的作用。

5. 苗期管理

(1) 温度管理

出苗前，白天温室内气温不超过35℃，苗床基质温度保持在25～32℃。夜间，穴盘基质温度控制在25℃左右，苗床温度较高能促进早出苗、出齐苗。当出苗在80%左右时揭掉覆盖在穴盘上的薄膜。

出苗后至第一片真叶展开前，中午要通风换气，使苗床气温不超过28℃，夜间温度控制在13～14℃，防止因苗床高温使幼苗的下胚轴长得过长过细，形成“高脚苗”。从第一片真叶展开后，夜间温度控制在16～18℃。

（2）肥水管理

严格控制水分，出苗前一般不浇水，出苗后发现基质干燥再浇水。当真叶展开以后，随着苗床温度的提高，通风量增加，蒸发量增强，应注意浇水。浇水在晴天上午进行，总的原则是有促有控，促控结合，保证苗子健壮生长。西瓜苗期短，基质基本上能满足幼苗对营养元素的需求，不必多次追肥，如发现缺肥症状，可喷施水溶性肥。

（3）病虫害防治

为防治猝倒病、立枯病等苗期病害，出苗后立即喷施 800 倍液的普力克和 1000 倍液的世高进行药剂防治。苗期虫害主要是蚜虫和潜叶蝇，可喷施 1000 倍液的啶虫脒和潜克进行防治。

（4）炼苗及出苗

冬春季西甜瓜苗龄为 35～40d，夏季苗龄为 30d 左右。当西甜瓜种苗达到两叶一心时即可定植。一般定植前应进行必要的炼苗，冬春季节出苗前，要增大温室内的通风量，控制浇水，进行低温炼苗；而夏季，进行控水高温炼苗，以保证为农户提供健壮、抗逆性强的瓜苗。

远程运输时，穴盘苗采用三层纸箱包装，一箱装三盘苗。出苗时要做到品种不混乱、装苗过程中要轻拿轻放，以防瓜苗受损。

二、案例评价

工厂化育苗作为现代农业的一项高新技术，无论从温室建设、设备购置，到育苗工厂的正常运营使用，还是从品种选择到种苗的出厂销售等，都包含着非常复杂的技术和经济问题。根据估算，我国每年蔬菜生产的育苗量大约需要 4000 亿株，因此种苗市场巨大，目前工厂化育苗已经在国内得到了普及和推广（图 13-1）。

传统的蔬菜育苗主要是凭借经验育苗，风险大，壮苗率低，而工厂化育苗是综合运用现代科学技术和管理方法，打破了传统育苗的框子，使蔬菜育苗技术走上了向现代化发展的道路。大型育苗公司设备周年运行，精量播种生产线经常工作 14h，两班倒作业。因作物种类和育苗季节不同，每茬作物苗龄 30～60d 不等，平均育苗茬次 5～6 茬，年人均育苗量 600 万～800 万株。专业育苗公司都聘用一批素质好、技术全面、经验丰富的专家负责管理，指挥日常生产和市场运营，同时建立了相应的规范化操作管理制度，如播种之前，检测种子活力和萌发率，发芽率低于 85%的种子不能做精量播种使用。苗期不间断地检查基质理化性质、基质 EC 值和 pH 值；营养液的配制浓度与养分配比；喷水系统水分均匀度；建立育苗温室和催芽车间环境控制管理标准；病虫害防治；确立壮苗标准；商品苗贮运技术等。

通过西甜瓜工厂化育苗生产工艺流程分析，明确西甜瓜工厂化育苗的技术要

图 13-1　工厂化育苗

点，进而建立起适合我国蔬菜工厂化育苗的技术体系，从而为我国工厂化育苗可持续发展奠定基础。

三、育苗种主要注意事项

目前我国工厂化育苗的技术水平和生产规模与国外相比还有较大差距，今后我国工厂化育苗产业的发展应注意以下问题。

1. 关于育苗工厂的规模化经营问题

很多地方的育苗工厂没有发挥应有的效益，主要是规模经营不够造成的，因此在我国育苗需求量较大的地区，要集中力量扶持规模化育苗企业，才会促进我国工厂化育苗产业的持续发展。

2. 关于育苗工厂的产品定位问题

培育国外进口或名、特、新、优品种幼苗；采取培育嫁接苗等技术含量高的育苗技术。茄果类、瓜类蔬菜的嫁接苗；蔬菜实生苗（非嫁接苗）生产，选好植物种类，一般草花育苗生长期短。

3. 工厂化育苗的标准化需要进一步加强

针对种子精选与处理、基质配方、精量播种、育苗精准环境控制、水肥调控、病虫害防治、种苗的贮藏与运输等环节，根据不同作物种类和不同地区的生态气候特点，制定相应的工厂化育苗操作规范，提高种苗生产的标准化水平。

4. 工厂化育苗设施和配套装备开发需要加强

加强对工厂化育苗关键设备特别是精密播种机的开发将是今后我国工厂化育苗设施开发的重点，此外，尽快开发出与工厂化育苗相配套的田间移栽设施亦是今后需要重点解决的问题。

5. 工厂化育苗从业人员技术水平需要进一步培训提高

无论传统育苗方法，还是现代育苗方法，育苗工序都较为烦琐，若从业人员没有经过专业培训，基本常识和实践经验不足，在遇到恶劣天气和病虫害发生时往往会操作不当，培育出的秧苗质量不高，如老小苗、徒长苗现象会时常发生。

四、案例总结

本案例涉及的知识点为工厂化育苗。所谓“苗好五成收”，育好苗才能有好的收成。工厂化育苗是采用一系列先进的技术设备进行种苗的规模化生产。案例基于西甜瓜工厂化育苗技术，详细总结了育苗过程中的播种流程及苗期管理，通过学习熟练掌握工厂化育苗的方式和工艺流程；了解工厂化育苗主要设施及苗床建造流程。

五、思考题

1. 工厂化育苗主要流程有哪些？
2. 与传统育苗相比，工厂化育苗有哪些优势？
3. 机械播种与人工播种在种子处理上有哪些不同？
4. 简述工厂化育苗苗期管理要点。

六、本案例课程思政教学点

教学内容	思政元素	育人成效
种子处理	家国情怀、创新思维	种子是农业的灵魂，更是农业的“芯片”和大脑。一粒种子可以改变世界，通过本案例学习使学生认识到种子处理在农业生产中的重要作用，树立解决农业卡脖子技术的信心，激发学生的爱国思想
播种育苗关键技术	创新思维	系统分析育苗关键步骤及注意事项，让生产者和经营者对工厂化育苗技术有较为清楚的理解和认识

醋糟基质工厂化生产

单位：南京农业大学

案例十四

基质袋式栽培系统设施建造与运营管理案例

近年来，设施蔬菜产业实现了跨越式发展，而无土栽培技术由于在蔬菜产量和品质、生产安全性和高效性上具有土壤栽培不可比拟的优势，已成为实现设施农业可持续发展的必要途径之一。基质栽培是无土栽培技术的主要应用类型，且设施建造及管理简单、造价低、适用面广，具有巨大的应用前景。

一、案例

本案例主要内容包括基质袋式栽培的总体要求、基质袋式栽培设施的结构组成、种植系统的建造、贮液池（罐）的建造、供液系统的建造、排液系统的建造等。该项案例可为蔬菜基质袋式栽培设施建造的标准化、规范化提供参考。

（一）蔬菜基质袋式栽培系统设施建造

1. 设施建造总要求

① 设施设计　基质栽培各设施的部分尺寸、排布和间距应满足作物生长需要，便于操作，同时最大限度缩短灌溉距离。

② 材料选择　选择造价低廉、结实耐用、保温性好的建造材料。用于观光采摘时，材料选择还应考虑美观、新颖。

③ 灌溉系统　需布置合理、运行可靠、设备齐全，灌溉均匀度大于95%，符合NY/T 2132—2012要求。

2. 基质栽培设施的结构组成

基质栽培设施的结构组成分为种植系统、贮液池（罐）、供液系统、排液系统4部分。

① 种植系统　选用厚0.7～0.1mm抗紫外线聚乙烯膜制成的黑白双色塑料栽培袋。栽培袋宽30～35cm、长60～70cm，沿南北向排布，每行栽培袋之间距离70cm。地面提前整平压实，铺砖或铺一层白色塑料薄膜，将每个栽培袋填充10L

基质，封好袋口。按行距排列好栽培袋后，用刀片在每袋上面切出 2 个直径 5cm 的圆孔作为定植孔，每孔定植 1 株作物（图 14-1）。

图 14-1 基质袋培

② 贮液池（罐） 基质袋式栽培采用荷兰 HortiMax 公司生产的水肥一体化滴灌设备进行肥水管理。

③ 供液系统 采用滴灌方式进行供液，具体操作方法可参照 NY/T 2533—2013。若供液主管道压力不足或不稳定需增设加压泵。

④ 配套设备 直径为 40～50mm 的黑色 PP 或硬质 PVC 管。直径 10～15mm 的 PE 滴灌管，毛管每滴箭供水量为 33mL/min。此外，还需阀门、过滤器、滴箭等设施。如有条件还可将水泵与定时器相连，进行自动定时灌溉。如用贮液罐，则将其放置在距地面 1～1.5m 高处，如供水压力不足可配备加压泵。

3. 建造过程

将水泵放入贮液池中，出水口连接配套直径的硬质 PVC 管，作为供液主管道。依次连接阀门、过滤器、供液支管。按种植袋位置在支管上打孔。采用滴灌方式供液，袋式栽培设施的供液毛管连接滴头管进行供液，滴头正对定植孔。

4. 排液系统

栽培袋底面中央设有一排等距的出水孔，间距 10cm。多余的水分及营养液通过出水孔流至下端排水槽，再流至排水管中，最后储存于蓄水桶中，可防止因基质空气不足引起的沤根问题。另外，储存起来的肥液可循环使用，如用于栽培小青菜等叶菜类作物。

（二）基质袋摆布与定植

将复合基质装袋，每袋装基质 6kg，4 叶 1 心时定植番茄幼苗 2 株，摆放栽培袋时株距和行距均为 40cm，双行栽培，利用水肥一体化系统进行水肥处理，每株番茄插入一个滴箭。

（三）营养液管理

定植前 1 天，浇水量以达到基质饱和为度，作物定植后，根据作物的生长期和生长状况进行水肥灌溉。植株开花坐果时，每天灌溉 1 次，每次时长以有多余废液排出时为宜。夏季温度较高时，每天应灌溉 2 次，一般在上午 9：00～11：00 进行灌溉。秋冬时期要注意把握好水分供应的控制，通常要结合天气、基质以及植株的实际生长情况灵活控制，遇到阴天不用浇水。同时，要确保均匀供水，以防出现滴灌漏水或堵塞造成局部积水或缺水的现象引起死苗。因此，可隔 3～5d 对基质水分情况进行 1 次检查，从而保证滴管中水分畅通，使基质中的相对含水量保持在 65%～80%。

袋式栽培营养液管理时，常采用水肥一体化，由施肥机控制，设置水肥机自动灌溉营养液的 EC 为 1.5～2.0mS/cm、pH 为 5.7～6.0。母液稀释后自动灌溉。每株采用一个流量为 33mL/min 的滴头，根据不同天气和作物生长发育不同阶段，每天滴灌 3～8 次，每次 3～5min，以袋中有多余营养液刚好有些渗出为宜。后期生长旺盛，若有萎蔫的植株，要检查滴头是否脱落，滴管是否曲折，水阀、水闸是否被人关闭；或其滴箭出水口是否被根堵住，应该及时把滴箭拔起清理后插回。由于根有趋肥性，应注意每个滴头不能插太深，否则会把出水口堵住。

二、案例评价

基质栽培袋的装置简单，只需一定大小的塑料薄膜或无纺布等其他合适的材料就可以制成一个简单的栽培袋，在袋中装入不同配比的基质，对袋中作物进行供养。基质袋式栽培具有较多优点，主要表现在以下几个方面：一次性投入成本相对较低，栽培装置简单，制作方便，应用广泛；可以根据自然环境条件随意移动，并且可为植株提供良好的生长环境；由于基质具有良好的透水透气性，可为作物根系提供良好的生长条件，且具有一定的缓冲作用，使根系的生长受外界环境的影响较小；基质栽培袋相互独立，且处于一个相对封闭的栽培环境，可有效降低湿度，防止病虫害的发生。

袋式栽培基质的选择与配制不仅是栽培成功的关键和基础，也充分反映了无土栽培的水平。生产时，一般购买商品性栽培基质或自己配制复合基质。自己配制时，生产成本较小，但首先要考虑基质容重、孔隙度等物理性状，在其适宜的范围内，再进一步调节化学性状，其中要满足作物生长对 pH 值的需求，最后调节速效养分含量，才能获得最佳的复合基质配方。早期世界各国普遍将草炭、蛭石和珍珠岩等基质按一定体积复配用于作物无土栽培的基质。而草炭短期内不可再生，资源紧缺，使用过度会破坏生态环境，且购买成本越来越高。近年来，我国高校、科研院所充分利用当地工农业固体废弃物进行堆体发酵，开发形成具有一定区域特色的基质及其复合基质配方。

三、基质栽培注意事项

1. 栽培袋留排液口

为防止植物沤根死亡，在栽培袋的底部、两侧开 2～3 个 1cm 左右的小孔，使积存的水分、营养液等能够排出来。同时在栽培袋底部有渗液层，且铺有薄膜，多余营养液不会渗入地下，而沿坡度流到一侧的排液口，经排液口流入排液沟，集中收集以免污染环境。

2. 基质消毒处理

基质作为设施栽培的核心材料，能为植物生长发育提供良好的根际环境，它除了支撑固定植株外，更重要的是充当养分和水分的载体。但基质在生产和储运过程中可能会携带病菌、虫卵、害虫和杂草种子，并且经过一段时间使用后，空气、灌溉水、前茬种植过程滋生以及基质本身带有的病菌等逐渐增多会影响后茬作物生长，严重时会造成病原菌大面积的传播以致作物绝收。因此，在大部分基质使用前或在每茬作物收获后，下一次使用前，有必要对基质进行消毒处理，以达到杀灭基质中病虫害和杂草种子的目的。目前基质消毒处理的方法主要有化学消毒和物理消毒两大类。

四、案例总结

本案例涉及的知识点包括基质袋式栽培、无土栽培等知识。在设施园艺学、无土栽培学等课程的教学中均会涉及这方面的内容，通过详细介绍基质袋式栽培设施组成，建造以及栽培管理技术等内容，让学生了解和掌握基质袋式栽培的关键。

五、思考题

1. 设施番茄基质袋式栽培具有哪些优势？
2. 设施番茄基质袋式栽培过程应注意哪些问题？
3. 设施番茄基质袋式栽培运用了哪些技术？

六、本案例课程思政教学点

教学内容	思政元素	育人成效
基质袋式栽培系统建造	创新思维	培养学生从不同的角度和思维，来进行袋式栽培系统的设计和规划
营养液概念及管理	创新思维	营养液是无土栽培的核心，是作物优质高产的关键。不同作物种类对营养液的需求不尽相同，要根据具体作物选择适宜的营养液配方，将专业知识和创新思维相结合
栽培基质选择及使用注意事项	创新思维、生态思想	从生态环境保护的角度，来选择利用有机固体废弃物合成的基质，让学生懂得珍视生态环境，用生态的理念和方法来进行无土栽培生产

蔬菜穴盘基质育苗技术
单位：南京农业大学

案例十五

喷雾栽培系统设计与运行管理案例

蔬菜无土栽培具有高产、节能、优质、时间周期短等不可替代的优势。雾培属于最节水的新型无土栽培模式。水是以喷雾的方式供给植物的根系，而且经雾化集流的水分又经回液管回流至营养液池进行循环利用，可使水的利用率几乎接近100%。雾培也是最节肥的栽培技术，气雾栽培植物的根系以悬于空中的方式固定着，具有最充足的氧气环境，对矿质离子肥料的吸收效率极高，且没有如土壤栽培环境下的肥水渗漏、土壤固定、微生物分解利用或者氨的蒸发损耗发生，是一种循环吸收利用率极高的栽培技术。雾培还有操作灵活、种植环境局限性小的特点。雾培系统在农业用地资源紧缺但水电充足的区域具有较大的发展空间。

一、案例

本案例来源于杨凌现代农业创新园。

（一）气雾培原理与组成

1. 营养液循环单元

营养液循环单元主要包含营养输送的设备、过滤装置、循环管道、喷头、消毒设施等，营养液通过循环泵打入喷雾管道中，过滤后由电磁阀控制各个区域的喷雾喷头，由喷头喷雾到植物根部，提供植物生长所需要的养分，雾滴滴落到种植槽中由槽底部的回液管回流到营养液池，采用紫外线对循环的营养液进行消毒。

2. 栽培架单元

栽培架单元由种植槽沟、种植不锈钢架、种植挤塑板组成。

3. 仪表检测单元

仪表检测单元包含水质检测、营养液 EC 值检测、营养液 pH 值检测、户内外光照温湿度检测、液池液位检测、CO_2 浓度检测等传感器元件组成。所有信号以硬线或者通信方式传输至 PLC（主机控制器，可根据需要自行选择产品型号），由

PLC 经过运算发出自动控制指令。

（二）气雾栽培系统硬件设计

1. 栽培架设计

气雾栽培的根系处于悬空状态，所以对植株的固定只能依靠定植孔填塞固定、定植篮固定或者植株悬吊挂空固定等方式。固定需要物理支撑，所以需配以栽培架、栽培板或者槽沟床管等方式。避光环境选择不透光的材料作为根雾室的建设，一般采取挤塑板材料进行包覆避光处理，设计如图 15-1 所示。

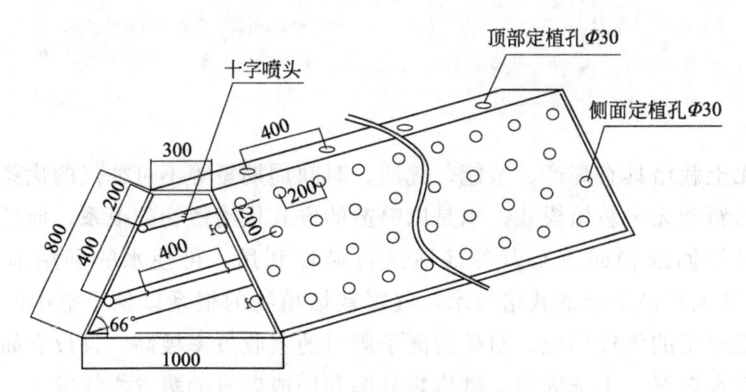

图 15-1　梯形栽培架设计图（单位：mm）

2. 苗床建设

采用开沟铺膜作沿的方式。建设时苗床的宽一般在 80～120cm，床间距留60～80cm，作为管理作业道。首先按设计布局图画拉线用石灰打样，然后以床中线为基准，把土适当往外扒，让床中心成为浅凹形，有利于水回流即可，再于床沿用角钢制边框方便扣定植板就行。床内铺设防水布或者土工布复合膜，这些材料无外渗物而且铺设方便。铺设好防水布后，于苗床末端处的防水布上开设一安装回流管的小孔即可。

3. 营养液循环单元

（1）营养液池设计

以地下式池为主，按照每 666.67～1000m^2 配制 20m^3 左右的营养液池即可，可以减少营养液浓度管理与 pH 值管理的技术要求。池深一般以 1.5m 左右，宽一般 2m，长度以所需的总容水量来定，过长的池可以分隔成多池，池间相通即可。建池一般用砖砌，再进行水池粉刷，最后上层使用防水涂料或者其他防漏措施即可。

（2）管道系统安装

管道系统除了弥雾管外还有主管、侧管与支管，管道采用 3～4 级变径布设的方式，一般主管为 Φ75mm，侧管则为 Φ63mm，支管则为 Φ50mm，弥雾管统一为 Φ25mm 管。每小区 400～500 个喷头，这样雾化效果最好，管道系统只需三级布局即可。注意营养液回流口的设计部分，需要设计纱布制作的网兜，以达到过滤的目的。

(3) 水泵

水泵是雾化产生的主要动力，以 300～400 个喷头作为一弥雾区，配以 3kW 水泵。水泵的进水端还需安装止回阀，停止工作时防止管内水回流。

(4) 过滤器和营养液杀菌器

气雾栽培的过滤器以防杂质堵塞喷头，所以选择 Y 型，滤筒为叠式的过滤器，这种过滤器比网式过滤效果好，设计原则上对管道水压没有太大影响，而且拆卸清洗滤筒的叠片也较为方便，选择型号以与主管管径相配的为好。

气雾栽培的营养液在输送喷雾回流的过程中都处于开放的环境下，细菌（病菌）的滋生感染难以杜绝，所以在营养液供应系统中需安装水处理的紫外线杀菌灯。用于水处理的紫外线灯要求波段为 254nm。

（三）气雾培软件设计

1. 系统软件设计

PLC 采用的编程软件为 STEP 7-Micro/WIN SMART V2.0，编程语言可使用梯形图编写。现场各传感器（包含温度、湿度、光照强度等）均采用 RS485 通信接口 MODBUS-RTU 协议与 PLC 实现数据传输。系统控制方案流程图和装置如图 15-2所示。

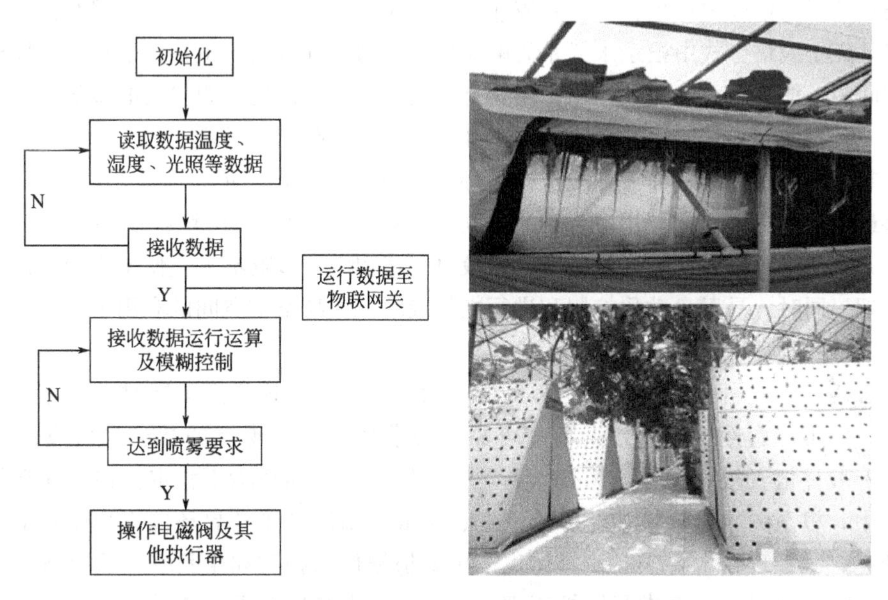

图 15-2　气雾栽培系统控制方案流程图和雾培装置

2. 间歇循环式喷雾时间设计

气雾栽培为间歇循环式喷雾，每次植物根部需要喷雾时间为 15～30s 之后间停 3～10min（晚上间停时间可延长2～3 倍），环境的温度及光照强度对植物影响较大，可以依据这2个参数来设计合适的函数关系调整喷雾时间及间停时间。

$$t_{喷雾时长}=t_1+k\frac{W}{w}(t_2-t_1) \tag{15-1}$$

$$T_{间停时长}=T_2+k\frac{W}{w}(T_2-T_1) \tag{15-2}$$

$$K=\frac{G}{g} \tag{15-3}$$

假设最小喷雾时间为t_1，最大喷雾时间为t_2，最小间停时间为T_1，最大间停时间为T_2，环境温度为W，植物生长最佳温度为w，环境光照强度为G，植物生长最佳光照为g：

当$t_{喷雾时长}\geqslant t_2$时，取$t_{喷雾时长}=t_2$；当$t_{喷雾时长}\leqslant t_1$时，取$t_{喷雾时长}=t_1$。同样当$T_{间停时长}\geqslant T_2$时，取$T_{间停时长}=T_2$；当$T_{间停时长}\leqslant T_1$时，取$T_{间停时长}=T_1$。可以根据此函数来调整喷雾时间及间停时间，从而达到节能的生产效果。

二、案例评价

1. 优点

喷雾栽培以雾状的营养液同时满足作物根系对水分、养分和氧气的需要，根系生长在潮湿的空气中比生长在营养液或固体基质中更容易吸收氧气，原因有：①喷雾栽培是无土栽培方式中根系水气矛盾解决得较好的一种形式，植物根系直接悬挂于气雾空间内，能为根系的呼吸作用提供充足的氧气源，可以比土壤栽培的植物生长速度快3～5倍；②根系构型大多为不定根的二叉分枝，有利于营养的吸收和快速运转；气雾栽培能使雾化的营养液弥漫至根域环境的整个空间，让根系有充足的水分保障，能够最大化地提高水的利用率，节水率可达98%；③营养液浓度控制不如其他无土栽培方式严格，稍为偏高或偏低的营养液对于植物生长影响不大，便于生产中营养液的管理。同时，易于自动化控制和进行立体栽培，提高温室空间的利用率。

2. 缺点

雾培是农业科技发展到一定程度的产物，在具备上述优点的同时，也存在一些不足。如①一次性投资大，设备的可靠性要求较高，在现有的社会经济发展条件下，一般种植者很难支撑前期投入和运行费用；②根际环境不稳定，在充满雾化的空气中，根系的生长环境如营养液浓度、组成、温度易受外界环境影响而发生较大的变化；③管理技术要求高，具体生产中要根据作物种类和生长季节选择适宜的营养液配方，并对营养液进行调控管理，一般生产者难以掌握，不易推广普及。

喷雾栽培主要由栽培床、营养液供给系统和自动控制系统组成。

栽培床依栽培设施结构的不同分为A型、立柱式和箱式雾培等类型。A型雾培由美国亚利桑那大学研究开发，设施结构如A字型，在叶菜类的栽培中应用较多。立柱式雾培方式最初由意大利比萨大学的研究人员开发，主要用于家庭或观光园区。箱式雾培主要用于马铃薯种薯的生产，这是目前雾培成功用于商业化生产的主要形式之一。

营养供给系统由动力系统、管道、喷头组成，其中管道又分供液管与营养液收集回流管，供液管又由主管及各级的支管或毛管连接而成。动力系统是实现营养液雾化的动力源，它可以是水泵也可以是压力罐，配置功率或压力的大小由面积及喷头所需的压力来决定，面积大，动力功率与压力就要大，可通过计算后确定配置。在生产中只需对养液的浓度及pH进行控制即可，这些调控都可集中在一个回流的营养液池中完成。把相关参数调控适宜后再经营养液供给管道以弥雾的方式供应到栽培系统的根域空间内，实现根系的气雾培养。

喷雾栽培运行管理主要采用自动控制，其系统由传感器、运算中心、执行动作部件三大部分组成，三者之间的控制逻辑如下：传感器采集外环境、营养液及根域环境的各种参数，比如营养液的EC、pH、液温、根域环境的温度与湿度，然后计算机按专家系统或植物生长模式进行运算判断发出执行指令，再自动开启相关的执行部件进行调控，如营养液的EC过低，就自动添加母液，过高就注入清水，通过开启相关电磁阀来实现启闭。营养液采用弥雾间歇控制的方法，即在计算机程序中设定与外界环境温度相关的时间模块控制技术，当外界温度升高时，弥雾越频繁；温度降低时，间歇时间越长。

三、案例作业注意事项

1. 雾培类型选择

A型雾培多用于种植叶菜，如生菜、苦苣等；立柱式雾培适于种植叶菜、小型果菜及观赏植物如散叶生菜、香芹、草莓、矮牵牛以及锦紫苏等观叶植物；箱式雾培适用于种植各种蔬菜、花卉等，主要用于马铃薯种薯的生产。

2. 温湿度管理

雾培作物的根系生长在空气中，根温直接受气温的影响，不如生长在土壤或溶液中稳定。因此，雾培一般在条件较好的温室内进行，通过对温室气温的控制，保证作物根系生长在适宜的温度范围内。雾培的栽培床具有一定的封闭性，根系生长在相对隔绝的空间，对温室大环境的湿度没有特殊要求，但栽培床内部必须保持100%的相对湿度。

3. 营养液管理

营养液日常管理主要包括每天喷雾的开始时间、结束时间、喷雾次数、每次喷雾持续时间及喷头的喷雾量。因作物需水量受光照、温度、湿度等环境因素及作物本身生长阶段的影响，因此，上述管理指标需根据季节、天气和作物生长阶段而调整。在光照强、外界温度相对较高的季节，要提早每天开始的喷雾时间，延迟结束喷雾时间，适当增加喷雾次数（包括夜间）。植株大时与植株小时相比，每次喷雾持续的时间略长。

4. 系统设计

喷雾栽培系统的设计需着重注意栽培架及喷雾管道设计、营养液动态监控、喷雾时间的智能控制。栽培架的形式可由种植蔬菜种类决定，喷雾管道设计需注意回流口和喷雾均匀度，营养的动态监控和有效反馈是蔬菜正常生长的保障，喷雾时间可由当日环境进行智能控制。喷雾栽培系统的高效节能种植模式优势突出，但在实践中仍需不断改进和解决可能出现的问题，提高系统稳定性。

四、案例总结

本案例适用于设施园艺学、无土栽培学等课程的教学，通过学习让学生掌握无土栽培模式雾培的设计原理、安装及运行方式为教学目标。理解根际环境的调控需要营养液的监测和有效反馈；管道设计中需要考虑回流装置；回流液需要及时杀菌过滤；喷雾时间需要根据环境调控。

案例涉及的知识内容包括无土栽培技术、植物生理生态、自动化控制等知识。无土栽培蔬菜具有高产、节能、优质、时间周期短等不可替代的优势。

五、思考题

1. 雾培的设计原理、主要结构是什么？
2. 雾培的高效水肥利用是如何实现的？
3. 简述雾培的水肥供应时间的调控与环境因子的关系。
4. 完成雾培系统构建主要需要哪几个部分？

六、本案例课程思政教学点

教学内容	思政元素	育人成效
喷雾栽培系统设计及运行管理	创新思维、工匠精神	引导学生了解喷雾栽培系统组成，并能根据要求进行施工图规划，在具体的实践工作中要有严谨踏实的工匠精神和职业道德，不能有一丝的马虎和大意，否则会影响到后期喷雾栽培的施工及运行效果

七、参考文献

[1] 周坚，幸向亮，林爱红，等．1600m² 植物工厂气雾栽培系统设计与研究［J］．江西科学，2017，35（06）：918-921＋967.

黄瓜嫁接育苗关键技术

单位：南京农业大学

案例十六

深液流栽培系统构建与运营管理案例

深液流法是水培系统的最原始的方法，是指植株根系生长在较为深厚并且是流动的营养液层的一种水培技术。种植槽中盛放5～10cm甚至更深厚的营养液，将作物根系置于其中，同时采用水泵间歇开启供液使得营养液循环流动，以补充营养液中的氧气水平并使营养液中养分更加均匀。这种栽培方式，营养液层内营养液成分相对比较稳定，同时也解决了营养液膜栽培系统停电后不能正常运转的困难。

深液流栽培技术具有众多优势，主要表现在以下几个方面：

① 深　指盛装营养液的种植槽较深，种植槽内营养液液层较深。目的是：根系可伸入到较深厚的营养液中，整个种植系统中的营养液总量较多，营养液的组成、浓度（包括各种营养元素浓度、总盐浓度和营养液中溶解氧浓度等）、酸碱度、水分和温度等不易产生急剧变化，根系生长环境相对较稳定，营养的补充和调节方便。

② 流　指营养液是循环流动的。目的是：增加营养液中溶解氧的浓度；消除营养液静置时根表与根外营养液之间的“养分亏竭区”，使得营养及时供应到根表；降低根系分泌并累积于根表的有害代谢产物，例如有机酸、根系对离子选择吸收而产生的生理酸碱性以及其他的代谢产物；使得因沉淀而失效的某些营养物质重新溶解，供应作物生长需要。

③ 悬　指植物根茎悬挂种植在营养液液面之上。目的是：防止根茎部浸入营养液中而产生腐烂甚至死亡（沼泽性植物或具有从地上部向地下部的氧气输导组织的作物除外）；提高根系的供氧，部分根系可伸入到营养液中生长，而另外的根系部分则裸露在营养液液面于定植板或定植网框之间的潮湿空气中，这样在营养液和空气中的根系都可以吸收到氧气，根据作物的长势和气候条件来调节营养液的液层深度和液面至定植板或定植网框之间的空间大小，以调节根系对氧气的吸收。

深水液栽培系统主要由种植槽、定植板或定植网框、贮液池、营养液循环系统、营养液调节和环境监测系统构成，具有生长周期短、产能高、病虫害风险低等优势，是无土栽培模式中最原始的栽培方式。本案例以西芹深液流栽培技术为例，对深液流栽培技术要点和系统构建过程进行总结。

一、案例

本案例来源于陕西杨凌现代农业创新园。

（一）深液流栽培系统构建

1. 栽培设施构建

栽培设施主要由栽培床、分苗床及供液系统组成。

① 栽培床　用砖或硬质塑料制成长 20m、宽 1m、深 10cm 的槽，槽上盖 2cm 厚的高密聚苯板，板上按 20cm×20cm 打直径 2cm 的定植孔。

② 分苗床　同栽培床，做成长 10m、宽 1m、深 5cm 的槽，聚苯板上按 50cm×5cm 打直径 24cm 的分苗孔。

③ 供液系统　由贮液池、水泵、输液管、回液管及自动控制系统组成。

2. 深液流管道水培系统的结构

本案例实物的系统长 228cm、宽 126cm、高 90cm，可根据空间调整尺寸。主要由支架、栽培管、贮液箱、水泵和定时器等构成。模型如图 16-1 所示，支架由厚壁

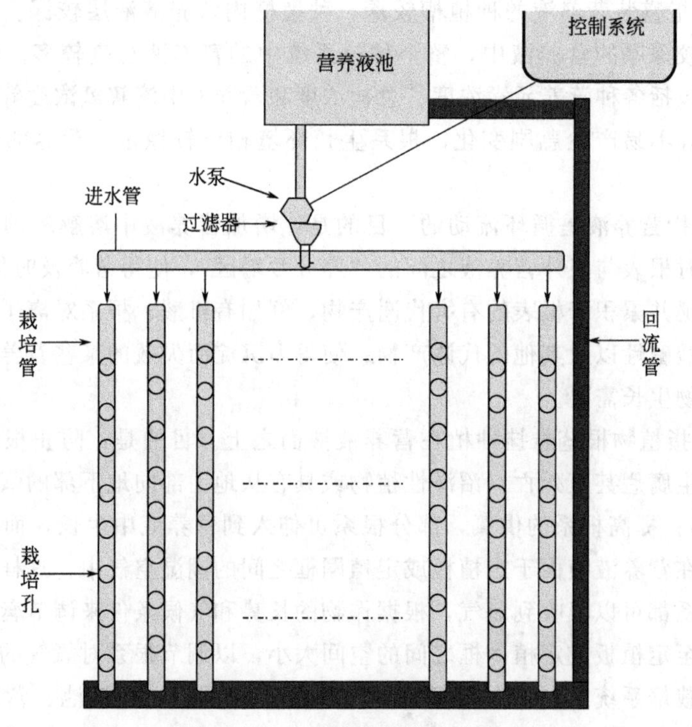

图 16-1　深液流栽培结构设计

镀锌钢管焊接而成，可拆卸、组装。栽培管主体用直径110mm的PVC塑料管制作，每根管道上打13个定植孔，孔径3cm，孔距15cm。管道两端为50～110mm变径堵芯，孔口在上方；堵芯上连接直径50mm弯头，供液的端头弯朝上，承接供液水龙头；排液端的弯头朝下，连接排液管。塑料贮液箱底部规格为40cm×60cm，高50cm。水泵功率45W，开闭受电子定时器控制。

3. 贮液池

设置地下贮液池，其优势在于：

① 作为营养液调节的场所，营养液pH值的调整、养分和水分的补充等均在贮液池中进行。

② 增大种植系统营养液的总量，使每株占有的营养液量增大，从而使营养液的浓度、组成、pH值、溶解氧含量以及液温等不易发生较剧烈的变化。

地下贮液池以不渗漏为建造的总原则来进行。建造时池底要用15cm混凝土加入钢筋浇制而成，池壁用24cm砖砌墙，水泥膏抹光，建池所用的水泥应为高标号、耐腐蚀的。同时地下贮液池池面要比地面高出20cm并要有盖，防止雨水或其他杂物落入池中，保持池内黑暗以防藻类滋生。

4. 营养液循环系统

营养液循环系统由供液系统和回流系统两大部分组成。供液系统包括供液管道、水泵、调节流量的阀门等，回流系统包括回流管道、种植槽中的液位调节装置。

5. 供液管道

供液管道指从地下贮液池经由水泵然后通向各个种植槽的各级管道（注：所有的管道均需采用塑料管，勿用镀锌水管或其他金属管）。回流管道及种植槽内液位调节装置为保证营养液中充足的氧气，供液系统和栽培槽内都需配有增氧设施。除了在营养液制备过程中增加空气含量外，还可以向栽培管道内增施压缩空气，或在栽培池内进行营养液自循环等。

（二）栽培技术流程及要点

1. 育苗

选用美国进口的‘高优它’或‘文图拉’西芹，7月上中旬播种育苗，先将种子在清水中浸泡12～14h，淘洗干净后用湿纱布包好淋去水分，埋入湿蛭石中催芽，保持温度20℃左右，当种子50%露白时即可播种，苗床用蛭石作成宽1.5m、长20m、厚5cm的畦，也可用育苗盘育苗，每亩（约667m^2）用种50g。

2. 分苗

西芹出苗前后加强肥水管理，培育壮苗，当西芹长到2～3片真叶时将苗用无纺布固定到定植杯中，先在分苗床内铺上黑色地膜，内充3cm深的1/4标准浓度营养液，盖上聚苯板，把西芹定植到分苗床上，3天换1次营养液，保证充足养分，促幼苗生长。

3. 营养液配方及管理

根据此案例中当地水质和西芹的营养需求，采用配方：$Ca(NO_3)_2 \cdot 4H_2O$ 580mg/L，$MgSO_4 \cdot 7H_2O$ 40mg/L，$NH_4H_2PO_4$ 228mg/L，KNO_3 630mg/L，铁和微量元素常规用量。西芹不同生长阶段采用不同浓度营养液，分苗床内用 1/4 标准浓度，EC 值约为 1.10mS/cm，定植后 10 天用 1/2 标准浓度营养液，EC 值约为 1.40mS/cm，定植后 10～30 天用 3/4 标准浓度营养液，EC 值约为 1.8mS/cm，30 天后用标准浓度营养液。

标准营养液浓度为 EC 值为 2.2mS/cm。营养液每天进行循环，8：00～18：00，每小时供液 20min，由自控仪控制，栽培床内液深维持在 5cm，每天测定营养液浓度和 EC 值，及时补充母液进行调节，使其浓度保持稳定，每月更换新液。

深水液栽培在生产中不仅需要系统的合理搭建，而且营养液的 EC、pH、温度、菌群、回流液监测等也是作物生产的关键。在实际生产中，在营养液供应方面应随着植株的长大，根系增多，逐渐降低营养液液位，使部分根段裸露在空气中，一旦液位降低、根系产生较多根毛之后，就不能把已降低液位的营养液层再升高，否则可能造成根毛甚至整个根系的伤害，严重的也有可能造成死亡。但也不能够使得种植槽中的液层太浅，一般应保证液层的深度可维持在无电力供应、水泵不能正常循环的情况下植株仍能正常生长 1～2 天的营养液量。

二、案例评价

深液流栽培技术（Deep Flow Technique，DFT）主要应用于番茄、黄瓜、辣椒、甜瓜、西瓜等果菜类以及生菜、菜心、小白菜、葱等叶菜类无土栽培生产，其特点主要表现在营养液液层深，每株作物所占有的营养液量较大，营养液浓度、pH、温度较稳定，因而根际环境的缓冲能力大，受外界环境的影响较小；植株悬挂于定植板上，根系部分裸露在空气中，部分浸没在营养液中，可较好地解决根系的水气矛盾。营养液循环流动，能增加营养液中的溶存氧含量，消除根表有害代谢产物的局部累积，通过降低根表与根外营养液的养分浓度差，促使因沉淀而失效的营养物重新溶解；适宜种植的作物种类多，除了块根、块茎作物之外，几乎所有的作物均可在深液流水培中良好生长；养分利用率高，可达 90%～95%；营养液封闭式循环利用，不污染环境。DFT 优势非常明显，但也存在一些缺点，如投资较大，成本高，特别是固定式的深液流水培设施的建设费用较拼装式的高；易造成病害的蔓延。由于深液流水培是在一个相对封闭的环境中进行的，营养液不断循环利用，一旦根系病害发生，极易蔓延扩散；技术要求高，如在悬挂定植时，植物根茎若被浸没于营养液中就会腐烂而导致植株死亡；在植物栽培过程中，需要定期对营养液进行科学的管理。

DFT 营养液循环系统包括营养液供液系统和回液系统两大部分。供液系统包括供液管道、水泵和调节流量的阀门等部分。供液管道由干管和支管组成，营养液通过水泵抽入干管，然后经过支管送入每条种植管中，每条支管各自有阀门控制。供液管架设在每条种植管中间的分隔墙上方，把已开设喷液水孔的供液管从种植管的一端延伸到另一端（横向架设），可有效解决养分和溶存氧的供应，但是建造时所需管道较多，成本较高。回液系统由回流管道和种植管中的液位调节装置两部分组成。回流管道在建造时要预先埋入地下，然后才建种植管，而且所用回流管道的口径要足够大，以便及时排出从种植槽中流出的营养液，以避免管内进液大于回液而溢出营养液。

营养液采用自动控制系统可使生产过程自动化，使得管理过程更加准确、精细，降低劳动强度。本系统主要由计算机装置、营养液加热装置、连接了蠕动泵的营养自动检测及补充装置等组成。营养液的循环控制系统要对营养液的电压进行检测，是通过这个软件的检测功能将电压信号转化成相关的离子浓度信号的。软件通过自身的系统辨识功能，并使用最小二乘法得到关于离子的电极、pH 玻璃电极、电导电极等相关的信号。系统将这些信号作为自己进行检测的数据基础，并根据离子所选择的电极将数学模型建立出来，通过温度及电压的数值计算出精确的离子浓度。它主要是通过控制面板上显示的数据——开始检测——查询记录这几个部分实现，对于营养液的栽培可以提供准确的浓度变化曲线，从而有助于营养液的循环栽培使用。

三、注意事项

深液流水培设施适用种植作物的种类较多，但对于初次进行无土栽培生产的人员来说，一般考虑种植一些较易进行水培的作物种类，例如芹菜、生菜、蕹菜、小白菜等。在无法进行温度调控的温室或大棚中，应选择完全适应当季生长的作物种类来种植。利用温室或大棚的保温作用或棚室内的遮阳网、湿帘等降温措施，可在一定时间内进行反季节生产，切忌盲目进行反季节生产，以免造成种植的失败或经济效益不理想。

（一）营养液配方选择

营养液的配方种类很多，但并非每一种作物都需要一个专用的营养液配方。有些配方它不仅适用于某一种作物，而且适用于与这种作物相类似的另外一些作物，这种配方称为通用营养液配方，例如霍格兰配方、日本园试配方等。但也不是说通用营养液配方就适用于任何的植物种类，因为植物对营养的需求规律既有共性，也有个性。有些植物甚至某种植物的不同生长时期对某一种或某一些养分需求得多一些，有些要求的少一些。例如利用园试配方配制的营养液来种植生菜和芥菜，它会出现芥菜缺铁而生菜生长正常的现象。因此，在使用时一般选择一个通用的营养液配方，再根据种植植物的特性、当地的水质和气候以及不同的生育时期来试用并进行适当的调整，在证明其确实可行之后才大面积应用。

（二）营养液管理

深液流水培技术种植成败的一个很重要的措施就是根据作物生长进程而对营养液液位高低的调控，因为这一环节直接影响到作物根系生长是否良好，养分吸收是否迅速而有效，如这一环节调控得不好，有可能严重危及作物根系的生长以及直接影响产量的形成和提高，因此，在管理上要特别重视。

作物刚定植时应保持营养液液面浸没定植杯杯底 1～2cm，当根系生长大量伸出定植杯时，将液位调低至液面离开定植杯杯底，当植株很大、根系非常发达时，只需在种植槽中保持 3～4cm 的液层即可，这样可以让较多的根系裸露在营养液层上部至定植板下部的那部分空间中，可以吸收到空气中的氧气以供作物生长所需。

（三）系统消毒处理

生长期较长的作物如番茄、辣椒、甜椒、黄瓜、甜瓜等在每种植一茬时都必须换营养液，清洗整个种植系统，然后才进行消毒处理以便下一茬的种植；生长期短的作物如叶菜类，则经过 3～5 茬的种植之后才更换营养液和进行系统的清洗和消毒。一般种植槽、贮液池及循环管道用含 0.3%～0.5%有效氯的次氯酸钠或次氯酸钙溶液喷洒槽池内外所有部位使之湿透，再用定植板和池盖板盖住保持湿润 30min 以上，然后用清水洗去消毒液待用；全部循环管道内部用含 0.3%～0.5%有效氯的次氯酸钠或次氯酸钙溶液循环流过 30min，循环时不必在槽内留液层，让溶液喷出后即全部回流，可分组进行，以节省用液量。

四、案例总结

本案例知识点涉及无土栽培技术、植物生理生态、自动化控制等知识内容。深液流法是水培系统的最原始的方法，是指植株根系生长在较为深厚并且是流动的营养液层的一种水培技术。种植槽中盛放 5～10cm 甚至更深的营养液，将作物根系置于其中，同时采用水泵间歇开启供液使得营养液循环流动，以补充营养液中的氧气水平并使营养液中养分更加均匀。这种栽培方式，营养液层内营养液成分相对比较稳定，同时也解决了营养液膜栽培系统停电后不能正常运转的困难。以西芹深液流栽培技术为例，本文对深液流栽培技术要点和系统构建过程进行总结。

在设施环境工程学、无土栽培学、植物营养学等课程的教学中均会涉及，通过学习让学生掌握现有无土栽培深液流栽培系统的设计、安装及运行方式为教学目标。

五、思考题

1. 深液流栽培的技术要点是什么？
2. 深液流栽培的优劣势是什么？
3. 目前深液流栽培技术中拟待解决的问题有哪些？
4. 如何进行控制使蔬菜根际环境与营养液供应相适应？
5. 深液流栽培系统组成及工程工艺流程是什么？

六、本案例课程思政教学点

教学内容	思政元素	育人成效
深液流栽培系统建造	创新思维、工匠精神	引导学生了解深液流栽培系统组成，并能根据要求进行设计建造，在具体的建造实践中要有严谨踏实的工匠精神和职业道德，不能有一丝的马虎和大意，否则会影响后期深液流栽培的施工及运行效果

营养液的配制

单位：南京农业大学

案例十七

温室作物营养供给与EC值及pH值在线分析系统案例分析

无土栽培中，在用营养液浇灌时若EC值和pH值没有得到严格控制，可能会产生不良影响。高的EC值会使植物受到损伤或造成植株根系的死亡，基质中EC值过高，可能会形成反渗透压，将植物中的水分置换出来，造成烧苗，使根尖变褐或者干枯。基质湿度的降低会使可溶性盐含量过高的问题进一步恶化，植物根系损伤严重，无法吸收水分和营养，导致植物出现萎蔫、黄化、组织坏死或植株矮小等症状；EC值过高也会增大各种病害的发生概率。此外，pH值过高或过低都会引起植物的营养缺乏或毒害。

为了有效解决设施农业水肥管理过程中营养液供给与EC值及pH值不适问题，实现设施蔬菜高效优质安全生产，西北农林科技大学园艺学院设施农业团队李建明教授课题组通过多年的试验研究与验证，构建了温室作物营养供给与EC值及pH值在线分析系统（图17-1）。本系统有效解决了设施农业水肥管理过程中EC值及pH值不适及设施蔬菜高效优质安全生产问题，能够实现温室作物营养供给与EC值及pH值在线分析与调整，有效提高生产安全性及蔬菜品质与产量，具有重要的推广价值。

一、案例

本案例位于陕西杨凌示范区西北农林科技大学北校区园艺场的大跨度非对称酿热大棚（国家专利号CN202890064U），大棚长33m、宽17m，南屋面投影10m，北屋面投影7m，脊高4.8m，在北侧有一长32m、宽1.5m、深1m的发酵池。棚内有18行南北走向的长13m、宽0.4m的基质槽，在其中采用基质袋式栽培，采用水肥一体化滴灌技术进行水肥管理，由西北农林科技大学园艺学院设施农业团队李建明教授课题组完成。

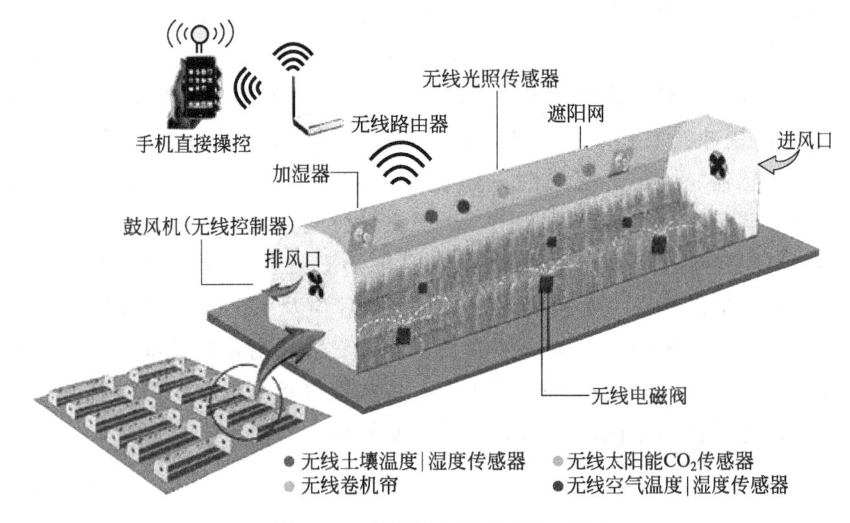

图 17-1　农业智能管理系统示例

(一) 系统组成

1. 营养液供给与循环系统

该系统由营养液浇灌桶、母液桶、清水入口、水泵、水位传感器、供液管道、流量计、电磁阀门组、营养液主管道、滴管带、基质袋、营养液回收槽、回流管道及回收池组成。

将母液在各个母液桶内配置好，依据所需营养液配方及浓度，由水泵和管道向营养液浇灌桶内注入不同母液及清水，实现营养液成分的调配。营养液通过供液管道输出到各个滴灌带内，由滴灌带将营养液滴灌至各基质袋，基质袋底部有小孔，营养液流经作物根部后渗漏的营养液会经由放置在基质槽底部的回流槽回流至大棚最南侧，再经由回流管道流至回收池。

2. 营养液 EC 值及 pH 值在线分析系统

该系统建立在营养液供给与循环系统的基础上，营养液浇灌桶中配备 EC 值及 pH 值监测传感器，用来监测营养液的酸碱度和浓度，由控制箱中的数据采集模块识别记录数据，并将数据传输至电脑终端，实时显示营养液 EC 值及 pH 值。

3. 营养液供给与 EC 值及 pH 值自动控制系统

该系统在前两个系统的基础上，配备电脑终端以及配套软件系统，该系统通过控制箱中的数据采集模块、自动控制模块、各个管道的电磁阀实现对整个营养液供给和 EC 值及 pH 值的自动控制与调整。EC 值及 pH 值缓冲液桶通过管道和泵与营养液浇灌桶相连。浇灌桶通过水位传感器感知水量，通过水泵控制水量，通过流量计感知浇灌量，通过电磁阀控制水流。各单位均通过控制箱与电脑终端相连。

在电脑终端软件系统中设置好所需营养液配方、EC 值、pH 值及营养液供应量后发出指令，各母液桶内的泵及清水泵通过控制箱识别命令后自动运行，根据运行时间控制流入营养液浇灌桶内的流量，实现营养液的配方与浓度控制。pH 传感器和 EC 传感器用来实时监测并显示营养液的酸碱度和浓度，使控制器自动控制 EC 值及 pH 值缓冲液泵和泵的运转时间，调节营养液的酸碱度和浓度。营养液供应量由水位传感器、泵、电磁阀组、流量计等完成，当浇灌桶内水位过低或过高时，泵会自动调整水流量或停止工作，当流量计感应达到设置供应量后，电磁阀会自动关闭，泵自动停止工作。执行机构主要包括肥液泵、母液泵、水泵和电磁阀组，按智能控制器的指令完成营养液的配制及 EC 值及 pH 值监测与调整。

除此之外，该系统还有温室内外温度、湿度、净辐射量传感器，实时监测温室作物生长环境参数，通过数据采集模块实时将数据显示在电脑终端上，在进行作物水肥管理时，可以依据不同环境参数调整水肥管理方案。

（二）系统的控制策略

为满足不同生产目标层次的要求和不同的用户对象，设计的智能控制器能以两种方式进行工作。

1．“离线”工作方式

“离线”工作方式，指控制器在由人为设定或由于故障原因导致脱离智能控制系统总线的情况下，完成自动的数据采集与处理，并能通过键盘和显示器实现控制模式和参数的设定与显示，实现人工干预控制输出等功能的工作方式。下一次“在线”工作时，监控服务器可以读取上一次“离线”工作时采集的数据，并对数据进行处理、分析和管理。

2．“在线”工作方式

“在线”工作方式，指控制器作为控制系统的一个智能控制节点（智能终端），实现基于实时通信的设定值控制和即时干预控制模式。该工作方式除能实现前一种方式的所有功能之外，最突出的优势在于将智能控制器和高性能的 PC 机结合起来，控制器接受 PC 机的远程调控和管理，增强系统的功能，取得较高的性能价格比，实现对众多的控制器的网络化、远程化、分布式测控（图 17-2、图 17-3）。

本案例系统能够按照水肥管理策略实现不同营养液配方的配置、营养液 EC 值及 pH 值实时监测及调整、营养液定量供应及回收循环、实时控制与远程控制等功能，具有稳定性、可调性、快捷性、高效性等特点，避免植物在水肥管理过程中受到 EC 和 pH 不适对其生长造成的危害，对设施农业水肥一体化高效生产具有重要意义，适宜在温室作物水肥管理上推广应用。

二、案例评价

营养液精确调配控制系统软件要能够很好地监测和控制整个系统，必须满足完

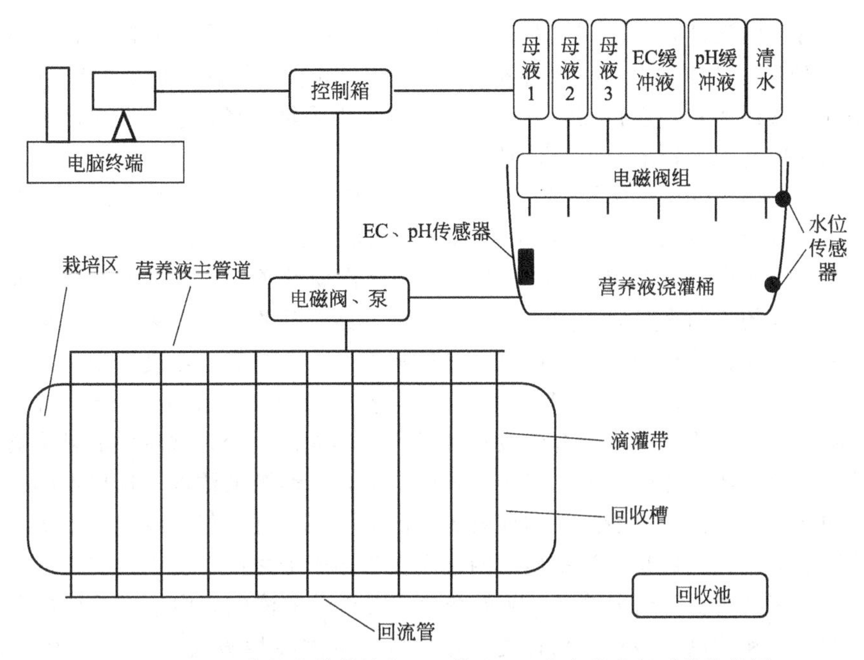

图 17-2　温室作物营养供给与 EC 值及 pH 值在线分析系统结构图

图 17-3　温室作物营养供给与 EC 值及 pH 值在线分析系统实地图

整性和实时性的设计要求。对本案例而言，软件完整性指系统既能够准确地反映营养液中 EC、pH 值的状况，又能根据 EC、pH 值的变化做出正确的决策来对其加以控制；软件的实时性指控制软件能够实时再现采集现场信息、及时准确地更新控制决策和快速无误地输出控制信号。

营养液 EC 值和 pH 值直接影响养分的溶解度和根系养分吸收情况，从而影响作物的生长发育。所以，营养液 EC 值和 pH 值的在线分析是营养液管理中必不可少的。实际生产中，营养液的 EC 值要根据种植作物种类、气候条件、营养液配方和栽培方式等的不同来具体确定。一般情况下，蔬菜作物中的茄果类和瓜果类要求的营养液浓度要比叶菜类的高。但每一种作物都有一个适宜的浓度范围，绝大多数作物适宜的 EC 值范围为 0.5～3.0mS/cm，最高不超过 4.0mS/cm。同一种作物营养液的浓度管理，要求根据生育阶段和气候条件不同而改变，这对保证果菜类的高产、优质非常重要。此外，无土栽培方式的不同，营养液的浓度管理也不同。如番茄水培和基质培相比，一般定植初期营养液的浓度都一样，但采收期基质培的营养液浓度比水培的低，这是因为基质培的基质会吸附营养之故。所以，在营养液的浓度管理上要区别对待。营养液的 pH 值变化主要受营养液配方中生理酸性盐和生理碱性盐的用量和比例、栽种植物种类（植物根系的选择性吸收）、每株植物所占有营养液体积的多少、营养液的更换频率等多种因素影响。

三、总体建议与注意事项

（一）pH 在线监测与调节管理

当检测营养液 pH 上升时，可用稀硫酸或稀硝酸溶液来中和，但要注意：当中和营养液 pH 的硝酸用量太多时，则可能会造成植物硝酸盐含量过多的现象；用硫酸中和时，尽管硫酸中的 SO_4^{2-} 也可作为植物的养分被吸收，但吸收量较少，如果中和营养液 pH 的硫酸用量太大时可能会造成营养液中 SO_4^{2-} 的累积。当营养液的 pH 下降时，可用稀碱溶液如氢氧化钠或氢氧化钾来中和。用 KOH 时带入营养液中的 K^+ 可被作物吸收利用，而且作物对 K^+ 有着大量的奢侈吸收现象，一般不会对作物生长有不良影响，也不会在溶液中产生大量累积的问题；而用 NaOH 来中和时，由于 Na^+ 不是必需的营养元素，因此会在营养液中累积，如果量大的话，还可能对作物产生盐害。

进行营养液酸碱度调节所用的酸或碱的浓度不能太高，一般可用 1～3mol/L 的浓度，加入时要用水先稀释，然后再加入种植系统的贮液池中，并且要边加边搅拌或开启水泵进行循环。要防止酸或碱溶液加入过快、过浓，否则可能会使局部营养液过酸或过碱，而产生 $CaSO_4$、$Fe(OH)_3$、$Mn(OH)_2$ 等沉淀，从而导致养分的失效。

（二）EC 值在线监测与管理

通过在线分析营养液的 EC 虽然能够反映其总的盐分含量，但不能够反映出营养液中各种无机盐类的盐分含量；要想了解各种无机盐类的盐分含量，只能进行个别营养元素含量的分析测定，这需要一定的仪器设备，且工作量较大。一般在无土栽培生产中，通过实时分析营养液 EC，来进行营养液浓度的判断，并以此为依据进行营养液浓度的调节控制；每隔一个半月或两个月左右测定一次大量元素的含量，而微量元素含量一般不进行测定，只进行适当的调节，以确保植物生长良好。

（三）营养液保存

为了防止母液产生沉淀，在长时间贮存时，一般可加硝酸或硫酸将其酸化至 pH3～4，同时应将配制好的浓缩母液置于阴凉避光处保存。在直接称量营养元素化合物配制工作营养液时，在贮液池中加入钙盐及不与钙盐产生沉淀的盐类之后，不要立即加入磷酸盐及不与磷酸盐产生沉淀的其他化合物，而应在水泵循环大约30min 或更长时间之后再加入。加入微量元素化合物时也要注意，不应在加入大量营养元素之后立即加入。在配制营养液时，如果发现有少量的沉淀产生，应延长水泵循环流动的时间以使产生的沉淀溶解。如果发现由于配制过程中加入化合物的速度过快，产生局部浓度过高而出现大量沉淀，并且通过较长时间开启水泵循环之后仍不能使这些沉淀溶解时，应重新配制营养液，否则在种植作物的过程中可能会由于某些营养元素沉淀而失效，最终出现营养液中营养元素的缺乏或不平衡而表现出生理失调症状。例如微量元素铁被沉淀之后出现的作物缺铁失绿症状。

四、案例总结

本案例知识点涉及无土栽培技术中的营养液 EC、pH 测定和自动化控制。通过学习，了解温室作物营养供给与 EC 值及 pH 值在线分析系统的构成、原理以及智能控制的方法。

为了有效解决设施农业水肥管理过程中营养液供给与 EC 值及 pH 值不适问题，实现设施蔬菜高效优质安全生产，构建了温室作物营养供给与 EC 值及 pH 值在线分析系统案例。该案例可以实现营养液的定量供应与回收循环，实时在线分析营养液的 EC 值及 pH 值，并根据设置值进行调整，能有效提高生产安全性及蔬菜品质和产量，具有重要的推广价值。

五、思考题

1. 作物营养液供给中需要注意的是什么？
2. 作物生长适宜的 EC、pH 是多少？
3. EC 值和 pH 值在线分析系统组成及原理是什么？

六、本案例课程思政教学点

教学内容	思政元素	育人成效
温室作物水肥供给	创新思维、生态理念	比较温室水肥一体化与传统灌溉的不同点，明确现代农业技术在作物生产中的优势，使学生认识到在保证温室作物养分供养要实现高产的同时，还需要保护生态环境，要将生态理念贯穿生产始终
EC 值及 pH 值在线分析系统	创新思维、职业道德	在线分析系统可以实现营养液 EC 值及 pH 值的定量供应与回收循环及实时营养液的配制，并根据设置值进行精准调控，能有效提高生产安全性及蔬菜品质和产量，具有重要的推广价值。通过本案例学习，让学生懂得信息化技术给农业生产方式带来的技术变革，引导学生树立正确的价值观和一丝不苟的学习态度

防虫网室建造关键技术

单位：南京农业大学

案例十八

温室通风系统构成与智能控制案例

作物生长环境需要适宜的温度、湿度、CO_2 浓度，并且要求有害气体浓度低于对作物生长产生危害的最低限度。温室的基本功能是为作物创造一个可控环境，温室内空气与室外空气进行交换的过程促进了室内外环境之间的质热交换。温室通风可调控温室内温度、湿度、CO_2 浓度和排出有害气体。因此，通风在温室环境调控中起到了不可替代的作用，是温室生产环境调控的必要措施，在温室设计中必须予以重视。

一、案例

本案例选用陕西杨凌西北农林科技大学南校区科研温室，该温室结构类型为玻璃温室（图 18-1），施工建设时间为 2018 年。本案例主要针对温室通风设计与建造施工等相关方面的知识进行阐述与全面的解析。

图 18-1 玻璃温室结构

(一) 温室结构基本尺寸

通风量主要由温室内容积、风机的数量、进排气口的数量和面积等决定，本案例中温室为隔间形式，单间温室内东西长7m，南北长5m，脊高4m，檐高3m，屋面由2个小屋面构成。通风采用自然通风和湿帘风机两种方式。

图 18-2 电动齿条开窗方式

(二) 开窗通风系统的安装

本案例中自然通风为顶通风，屋面开排气窗，每小屋面各1排，窗口长2m、宽1m。开窗方式为电动齿条式开窗（图 18-2）。

1. 开窗机的安装

开窗减速电机固定架安装于整个窗扇中部的拱梁上。安装时，按照设计的高度和位置在安装固定架的立柱或拱梁上打孔，孔间距与固定架上的孔应一致，然后用螺栓将固定架固定于立柱上，再将减速电机用螺栓安装于电机固定架上。

2. 开窗轴支座的安装

屋顶开窗中齿轮边上有一个轴承座支承着驱动轴和齿轮齿条，轴支座通过自攻螺钉固定于拱杆上，使用螺栓来固定。安装时轴承座的中心孔与减速电机的输出轴中心成一条直线。

3. 安装驱动轴

驱动轴使用热镀锌国标焊接钢管，通长布置。在有齿条的位置事先将齿轮套在驱动轴上，一端和减速电机通过连轴器相连，中间用开窗轴支座支承。

4. 窗扇的制作

采用温室专用的铝合金边框制作玻璃窗框，根据窗口的具体尺寸先组装后完成安装。

5. 齿条与窗扇的连接

窗边铰支座按照设计位置通过螺栓与窗扇相连，再将齿条和窗边铰支座用螺栓或销轴固定。

6. 安装开窗齿条

安装齿条时让窗户处于关闭状态，在安装好的窗边铰支座处安装齿条。齿条先穿过齿轮，然后让有孔的一端通过带孔销轴、开口销窗边铰支座或外翻窗铰支座连接在一起。左右调节齿轮使得齿条与驱动轴成垂直状态，用内六角扳手紧固齿轮上的两个紧定螺钉，使它们与驱动轴连接，将齿条齿轮固定好。

7. 连接配电控制箱运行调试

在窗体处于关闭状态时，用六方扳手打开电机限位盖，将处于关闭的限位轴与触点开关接触，松开开启限位轴，打开电源开启窗户。当达到开启位置时关闭电源，将开启限位轴移动到触点开关后拧紧。反复开启，观察窗户的关闭情况，视情况重复上述动作。

（三）湿帘风机系统的安装

1. 湿帘的安装

湿帘长度为 2.8m，宽度为 1.8m。安装材料准备好后，在上框架打进水孔、下框架打出水孔，并将铆钉孔打好。用铆钉将管托固定在上框架上，管托间相距 50cm，用于固定喷水管，在框架进水口处安装进水三通，喷水管两侧用堵头堵好。利用连接片和铆钉将上、下、左侧框架连接固定，为便于湿帘安装，需将框架两侧边缘夹扁。之后将湿帘小心插入连接好的框架内，安装右侧框架并用连接片和铆钉固定好。最后，将出水口用铆钉固定在出水孔处。

第 2 天待各连接头处胶完全凝固，打开水源阀门，进行湿帘通水试验，观察湿帘纸干湿均匀情况，以及各连接处和回水处有无渗漏。之后将湿帘完全固定（图 18-3）。

2. 风机的安装

风机安装高度为下侧距地面 50cm，位于温室的东立面中间位置处。风机选用广州倍利机电科技有限公司生产的 Cos42 型，高度 1060mm，宽度 1060mm，厚度 400mm，内圈直径 950mm，功率 0.55kW，转速 450r/min，出风量 32000m^3/h。每间温室安装 1 台风机。

将风机嵌入安装在温室玻璃中并将其固定。风机装上固定后，在其出风口和入风口处加装防护网，以免杂物吸入风机内以及人员靠近接触风轮而产生危险。最后将电线接入配电箱，开启风机测试通风（图 18-3）。

图 18-3　湿帘风机系统

二、案例解析

（一）通风原理评价

温室内通风系统设计时，从设计原理上来说主要考虑利用热压和风压调控温室内气流的运动。热压是由于温室内外温差的存在而形成的内外空气密度差，该密度差产生的浮升力驱动空气的流动。风压则是由于室外自然风在温室四周形成的压力分布或者风机等机械设备所产生的外力迫使空气流动。本案例中通风系统设计为顶通风和湿帘风机两个部分，即考虑同时利用热压和风压。

顶通风设计中，温室内空气吸收太阳辐射转变为自身热能，温度升高，空气膨胀，密度变小，在浮力作用下上升，屋顶天窗的开启，能够允许热空气流出。同时，形成下部通风口内部空气压力低于外部，空气从室外向室内流动，但本温室通风系统设计时未设计侧墙通风口，门和湿帘处通风阻力大，冷热空气的交换都主要集中在顶通风口处进行。因此，案例中顶通风的设计能够利用热压保证一定的气流运动，但通风效果有限、通风效率较低，尤其在夏季温度较高时。

引起温室气流运动的风压可以由外界自然风形成，也可由机械设备产生。外界自然风形成的风压受屋顶和通风窗形状的影响，也取决于风速大小和风向，具有很强的随机性，一般来说不作为通风的主要动力因素考虑。机械设备形成的风压可根据需求选择相匹配的型号，并且和湿帘相互配合使用，可有效降低室内温度。本温室建设中选用风机流量达 32000m^3/h，温室室内容积为 105m^3，则换气次数为 304 次/h，超过《温室通风设计标准》中推荐的基本换气次数 120 次/h。所以，本案例中通过利用机械强制通风产生风压，可弥补仅靠自然通风造成的通风效果不足，从而满足通风的要求。

（二）通风方式评价

本案例中顶通风的设计为自然通风系统，湿帘风机属于强制通风系统。

顶通风通过调节开窗的幅度来调控通风量，决定其通风量大小的因素还有室内外温差、温室通风口高差、室外风速和风向等，但由于室内外温差、室外风速和风向不可控，故评价温室自然通风的性能主要受通风口面积和通风口高差的影响。其中，通风窗比即屋面开窗面积和地面积的比值可具体反映自然通风的性能，比值越大，通风性能越好。本温室中，通风窗比为 11.5%，而 Venlo 型温室通风窗比为 19%左右，这主要是由于 Venlo 型温室一个开间设两扇窗，若本案例中温室一个开间（南北方向）设两扇窗通风窗比可达 23%。实际中窗并不能完全开启，开启的高度仅约 0.5m，造成实际通风比也仅是通风窗比的 50%左右。通风口高差与

Venlo 型温室相差不多，通风口位置设置相对合理。此外，自然通风主要靠气流的自然运动，经济节能且管理简单方便，是温室通风降温的主要方式，通过合理的设计天窗和侧窗就能获得足够的通风量达到降温效果。自然通风量同时受外界环境的影响，通风降温效果不稳定，室内外温差在 5～10℃，但本案例中若仅依靠自然通风室内外极限温差值将更大。

湿帘风机是利用风机强制将室内气体排出室外，本案例中所选用风机完全可满足通风降温需求。室内通风的理论极限降温值与室外温度相同，但由于机械设备、温室结构等原因在实际应用中不可能达到。若温度较高仅靠风机通风降温效果较差时，通常配合湿帘进行降温，这样可使室内外温差在 5℃以内。此种通风方式通风换气量不受外界环境影响，通风降温效果稳定，但由于需要湿帘风机的运行需要消耗电能和水分，从经济效果上考虑，通常仅在自然通风无法满足温室降温需求时开启强制通风设备。

温度较高的夏秋季节，通风主要以降温为目的，所需要的通风量大，有时需同时依靠自然通风和强制通风。在温度较低的冬季，通风的目的主要是调节温室内湿度和气体成分，仅依靠自然通风维持最低通风量即可。

（三）设计施工评价

1. 设计通风量

设计通风量是温室通风系统设计时采用的通风能力，即预计系统运行能够达到的通风量。实际的设计通风量受室内太阳辐射强度、温室所在地区海拔、温室内允许温升和湿帘风机距离的影响。设计基础通风量可根据以下公式计算：

$$V=RLW\Psi \tag{18-1}$$

式中 V——设计基础通风量，m^3/h；

R——基本通风率，一般达到 $2.5m^3/(m^2 \cdot min)$ 即可大体满足温室通风需求；

L——温室长度，m；

W——温室宽度，m；

Ψ——修正系数，取 $\Psi_{光强}$、$\Psi_{海拔}$、$\Psi_{温升}$ 和 $\Psi_{风速}$ 中的较大值。

温室所在杨凌地区夏季最大室内光照可达 50000lx 以上，但由于温室内有内遮阳系统光照可调控，故 $\Psi_{光强}$ 取 1.0；杨凌地区平均海拔在 500m 左右，$\Psi_{海拔}$ 取 1.06；温室内允许温升为 5.0℃，$\Psi_{温升}$ 取 0.78。本案例中湿帘和风机间距离仅 7m，$\Psi_{风速}$ 中取 2.08。

故本案例温室总设计基础通风量为 $V=2.5\times7\times5\times2.08\times60=10920(m^3/h)$。

此时，可大体满足通风需求，但所选用风机流量约为设计基础通风量的 3 倍，可满足基本通风降温需要。

2. 自然通风的设计及安装评价

自然通风系统设计时应设置足够的通风口面积，加大通风口高度差，进风口位于迎风面而出风口位于背风面，天窗尽量能分别控制两侧天窗启闭以适应不同风向。本温室自然通风系统的设计中无侧墙通风，2 个小屋面各开设 1 个通风窗，总通风窗口面积 4m^2，最大开启高度 0.5m 左右，实际通风面积较小。

杨凌地处关中平原，夏季主导风向为东风、冬季主导风向为西风。本温室通风窗口位于顶屋面东侧，冬季可防止风从天窗处倒灌，夏季可有效利用当地主导风向进行通风降温，但同时夏季也需注意大风天气时风从天窗倒灌影响温室内作物生长。因此，本案例中通风窗位置和高度设置相对合理。

自然通风系统安装过程中，选用齿条开窗系统。该开窗系统大都为机械传动，便于自动控制，能够承受较大的重量，开窗时受力较为均匀，性能相对稳定，传动效率高，在大型连栋温室中应用较为合适。本案例中各间温室顶通风独立控制，但在生产温室中通风窗的启闭通常进行统一控制。驱动轴安装时，采用套管式螺栓固定轴接头连接驱动轴，以加强驱动轴的刚度和同步性。此外，齿条间距原则上不能超过 2m，以利于窗户的密封。

3. 湿帘风机的设计及安装

湿帘风机系统一般适用于温度较高的夏季进行通风降温，属于负压通风系统。设计时湿帘应安装在夏季主导风向的迎风侧，而负压风机安装在温室的背风侧位置。本案例中风机安装在温室东立面，处于夏季主导风向的迎风面。安装在背风侧位置可利用主导风的推动空气进入温室，提高风机的效率，减少电能的消耗；而位于迎风侧位置的风机，风机风量和电机功率要增加 10%～15%。湿帘和风机间距离最好在 30～60m 之间，距离过小时通过温室断面的气流速度较低，室内空气流动不畅；距离过大时容易引起进排气间温升过大。本案例中湿帘和风机间距离为 7m，通过选择流量较大的风机避免了气流速度较小的问题，同时也能够满足安装在迎风面时通风的要求。

风机的选择可根据设计基本通风量确定适宜的数量、压力和流量。选择风机型号时还必须考虑温室内的作物，有作物时一般要求气流速度不超过 1m/s，以维持较高的光合作用，此时需注意进风口和风机风量的关系，每 12000m^3/h 的风机风量需要 1m^2 的进风口面积。本案例温室中湿帘面积为 5.04m^2，风机风量 32000m^3/h，湿帘和风机风量间关系合理。

湿帘风机系统安装时，要保证温室整体的密封性，特别是湿帘供回水设备、湿帘和墙体间、风机和墙体间，否则易引起漏水、室外热空气向室内的渗透影响降温效果。通风量确定后，可选用 1 台大流量风机或几台小流量风机。均匀分布的小流量风机可有效提高温室内气流运动的均匀度，此外若有风机出现故障时不影响其他风机的运行，有利于维持温室内通风；单台大流量风机的优势在于能耗要比多台小流量风机低。由于本案例中温室体积较小，单台风机可保证通风的均匀度。此外，冬季需将湿帘和风机用薄膜封好，防止冷风渗透。

（四）通风效果评价

温室通风的主要目的在于调节温室温度、湿度和气体环境，可依据不同的目的对通风系统的效果进行评价。必要通风量是考虑作物在不同生育期的正常生育需求，为使温室内空气温度、湿度、CO_2 浓度维持在某一水平或排出有害气体所必需的通风量。

1. 排除室内多余热量、防止室内高温的必要通风率

为了使温室内维持一定温度，排出室内多余热量，其必要通风率计算式如下：

$$q_b=\frac{a\tau E_0(1-\rho)(1-\beta)-KW(t_i-t_o)}{C_p\rho_a(t_p-t_j)} \tag{18-2}$$

式中 q_b——必要通风率，$m^3/(s \cdot m^2)$；

a——温室受热面积修正系数，取 1.3；

τ——温室覆盖层的太阳辐射透射率，由于有内遮阳取 0.35；

E_0——室外水平面太阳总辐射照度，杨凌地区大气透明等级为 4 级时，取 $986W/m^2$；

ρ——室内太阳辐射反射率，取 0.1；

β——蒸腾蒸发潜热与温室吸收的太阳辐射热之比，取 0.6；

K——玻璃的传热系数，$6.4W/(m^2 \cdot ℃)$；

W——温室散热比，取 1.5；

t_i——室内空气干球温度，本案例中温室内平均气温控制在 29℃以下；

t_o——室外空气干球温度，根据《采暖通风与空气调节设计规范》(GB/T 50019—2003)，西安地区夏季空调室外计算干球温度为 35.2℃；

C_p——空气的质量定压热容，J/(kg·℃)，对于温室通风工程常见情况取 1030J/(kg·℃)；

ρ_a——空气温度 29℃时的空气密度，取 $1.17kg/m^3$；

t_p——排出温室的空气温度，室内温度由进风口至排风口逐渐升高，则 $t_p=2\times29-27.8=30.2$℃；

t_j——进入温室的空气温度，湿帘开启时湿帘降温效率为 80%，则 $t_j=35.2-0.8\times(35.2-26.0)=27.8$℃。

所以，排除室内多余热量、防止室内高温的必要通风率为 $0.0764m^3/(s \cdot m^2)$，必要通风量为 $29883m^3/h$，即本案例设计的通风系统，在夏季中午时刻，室外温度为 35.2℃，内遮阳开启时，通风系统可维持室内温度在 29℃，但若外界气温超过 36℃，则通风系统的设计通风量低于必需通风量，需配合其他降温措施。

2. 维持室内 CO_2 浓度的必要通风率

温室内 CO_2 浓度随日出后作物光合作用的进行而不断降低，为防止温室内 CO_2 亏缺，需进行通风换气，其必要通风率可根据下式确定：

$$q_b=\frac{\frac{A_p}{A_s}\times \mathrm{LAI}\times (I_p-I_s)}{\rho_{co}-\rho_{ci}} \tag{18-3}$$

式中 q_b——必要通风率，$m^3(s\cdot m^2)$；

A_p/A_s——温室内植物栽培面积和地面面积之比，取 0.8；

LAI——叶面积指数，取 3.0；

I_p——单位植物叶面积对 CO_2 平均吸收强度，取 $0.7\times 10^{-3}g/(m^2\cdot s)$；

I_s——土壤 CO_2 释放强度，本案例中采用无土栽培取 0；

ρ_{co}——室外空气 CO_2 浓度，取 $0.6g/m^3$；

ρ_{ci}——设定的室内空气 CO_2 浓度，取 $0.45g/m^3$。

所以，维持室内 CO_2 浓度的必要通风率为 $0.0112m^3/(s\cdot m^2)$，必要通风量为 $4234m^3/h$，通风系统的开启可满足补充 CO_2 浓度的要求。

三、通风管理建议及注意事项

① 通风的主要目的在于降低温室内温度和湿度，需根据室内温度和湿度情况进行合理通风，以优先调控温室内温度为主。在冬季棚温较低时，应先提高温度再放风排湿，尤其在浇水后要先提高地温。

② 通风时应优先采用自然通风，并需综合考虑热压和风压的作用，以减少能耗和成本，提高通风效率。

③ 湿帘供水应使用干净的水源，不能含有藻类和微生物含量高的水源，防止湿帘表面有水垢或藻类形成。湿帘供水压力和回水管道应合理设计，以湿帘底部无积水为宜，积水易引起湿帘纸质霉变，减少使用寿命。若有水垢或藻类等杂质，应先将湿帘晾干用软毛刷轻轻沿波纹上下刷，之后用水冲洗干净。

④ 湿帘风机系统安装时要注意做好密封。在冬季，风机和湿帘是冷风渗透进入温室的重要途径，可用塑料薄膜或棉布等将其包好，以确保温室内温度。

四、案例总结

本案例知识点涉及温室通风系统与智能管理系统，温室的通风系统是目前温室温度调控与湿度调控的主要措施，实现温室通风系统的智能化控制是目前温室环境智能控制的主要内容。该案例主要阐述了连栋温室通风系统基本构成、安装方法与管理技术，分析了本案例的科学性与实用性。

五、思考题

1. 通风是温室环境调控的主要措施，试分析实现温室良好通风的主要原则是什么？

2. 通过本案例学习，试分析还有哪些更好的方法改变本案例的通风能力？

六、本案例课程思政教学点

教学内容	思政元素	育人成效
温室通风	创新思维、勇于担当	人需要美好生活，植物也需要美好环境。如何创造作物生长需求的环境，是温室环境调控的主要目标。通过本案例讲解，引导学生创新思维、科学工作

温室大棚通风系统案例

主讲人：李建明

单位：西北农林科技大学园艺学院

案例十九

温室生物质能利用工程系统案例

生物质是指植物、动物或者微生物等生命体的合称，是可再生或是可循环的有机物质的总称，其包括能源作物、农业废弃物、林业废弃物、动物粪便等。

生物质发酵产热即利用微生物对环境中生物质进行缓慢氧化（即分解代谢）释放热能的一种温室增温措施。

生物质发酵产热起源于17世纪，法国开始探索从发酵中提取热量的方法，将数公顷的玻璃封闭温床用于冬季栽培和季节延后。主要发酵原料为马粪，使用新旧马粪的混合物来平衡释放的热量。这种热回收方法适用于能够处理10～13℃以下土壤温度的冬季作物。法国温床的大规模使用在1920年结束，由于马被汽车取代，缺乏主要发酵原料，这种发酵酿热系统的大规模使用就消失了。

1962—1988年，有大量学者开始对生物堆肥发酵产热量进行测算，而在20世纪80年代，我国研究者结合生物质发酵产热与温室生产，提出了一系列酿热温室、生物能温室等温室生物质增温技术方法，进而成功从根本上摆脱了农业生产依赖化石能源供暖的局面。

一、背景介绍

我国西北大部分地区由于深秋、冬季和早春季节低温寡照，气候严寒，当冷空气侵入时，最低温度一般可降至－30℃以下，温室内环境温度无法达到作物生长要求。且由于温室具有一定封闭性，在低温条件下室内CO_2浓度不足，作物光合作用过程受阻，将导致温室生产大幅减缓甚至无法实现越冬生产，土地利用率低下，严重影响农业经济的发展。

传统加温方式需消耗大量化石能源，同时产生大量温室气体，造成环境污染。故寻求绿色经济的温室增温技术便成为我国北方寒冷季节温室生产的关键问题。虽然近年来所研发的太阳能、地热能等新能源利用技术具有一定效果，但多为大功率机械设备的组合应用，成本高昂，并且其应用效果直接受光照限制，在长期低温寡照季节无法为温室提供能源加热，其实用性和经济性均无法达到广大温室农业生产要求。

与此同时伴随着我国温室生产力的提高，畜禽粪便、秸秆等农业废弃物资源的排放总量呈逐年上涨趋势，这一变化造成环境污染，占据大量土地资源，给人类带来健康损害等问题。而现代化处理农业废弃物的技术中，由于堆肥法可以使农业有机废物稳定化，且微生物在好氧堆肥过程中通过自身生命代谢活动将一部分可溶性有机物氧化成简单无机物时，会释放出大量能量以满足微生物生长活动的环境温度需求，且产生的高温可杀灭致病菌，该过程会产生大量 CO_2，其终产物还能作为基质、肥料或土壤调节剂，使有机物循环再利用。因此为解决温室寒冷季节供暖增肥需求提供了一个新的角度——温室生物质能源循环利用。

二、案例

（一）生物能利用形式分类

按发酵形式分为秸秆生物反应堆技术及生物质发酵酿热技术。生物质发酵酿热技术即以畜禽粪便和农业废弃物秸秆作为酿热物，在温室中建造带有通气管路的酿热池，进行生物能温室应用。除通过内置酿热池进行温室供暖外，温室秸秆反应堆同样成为一种生物质发酵产热对温室进行增温的技术方案。即利用各种农作物秸秆，在微生物的作用下，定向产生农作物所需的 CO_2、热量、抗病孢子、有机和无机养料等。秸秆反应堆又分为内置式、外置式和内外置结合式。

生物能利用工程最重要部分是适宜的原料配比及含水率。当原料配比为C/N=(25～35)∶1，含水率为55%～65%时，发酵产热性能良好，产热时间长，温度稳定且产热量高。除此之外，发酵规模也是影响产热性能的重要因素。在相同的物料配比与含水率下，发酵规模过小，堆体产生的热量散失快，无法维持微生物生命活动所需基础温度，从而导致发酵产热进程减缓甚至停滞。而较大的发酵规模可以减少堆体热量散失，提高堆体自身保温性，从而提高发酵产热效率，促进发酵产热进程。

（二）生物质发酵酿热案例

大跨度非对称酿热温室及酿热槽示意如图 19-1 所示。

（1）酿热槽位置

于温室大棚内北部建造水控酿热槽或反应堆。以 600m² 大跨度非对称水控酿热温室为例，每 600m² 温室对应设计 30m² 基质酿热槽，由混凝土浇筑而成。

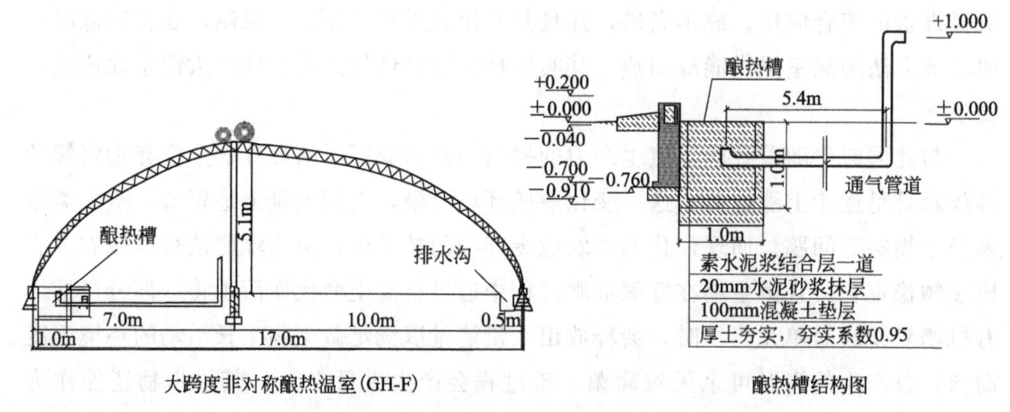

图 19-1　大跨度非对称酿热温室及酿热槽示意图

(2) 酿热槽规格

长、宽和深分别为 30m、1m、1m。

(3) 通气管布置

在酿热槽到立柱之间铺设通气管，将产生的热量与 CO_2 引入温室内。

图 19-2　EM 菌剂示意图

(4) 酿热物铺设

在槽内放置作物秸秆与农家肥，堆肥体积为 1.0m×1.0m×30m。

为使槽内基质保持良好透气性，基质放置顺序为：先铺粒径较大的枯枝腐叶，再将畜禽粪便放置其上，料面高出槽口 10～15cm，最后铺 5cm 腐熟好的基质，轻轻压实。

(5) 酿热槽启动

调节 C/N 比在 (25～35)∶1 之间。在冬季低温来临前10 天将发酵物总质量 3%的 EM 菌剂（图 19-2）混入水中喷施到堆体上，堆体相对含水量调至 60%左右，将酿热槽表面覆上塑料膜封严。

(6) 注意事项

①发酵酿热反应堆建造要依据温室类型、温室内需热量，进行科学设计；②发酵初期产生的气体要释放至温室外，以免将发酵初期堆体内产生的有害气体引入温室；③将农业废弃物发酵产热时间尽量控制在当地温度较低的时段；④农业废弃物发酵每年换一次，挖出的发酵物可以作为肥料施用；⑤为简化操作，发酵酿热堆体高度尽量不高于 2m；⑥酿热反应堆体量大小依据温室面积而定，每 600m² 温室内设计 30m³ 农业废弃物酿热反应堆进行发酵酿热。

(三) 秸秆反应堆案例

(1) 内置式反应堆操作

内置式反应堆操作主要有开沟、铺秸秆、撒菌种、拍振、覆土、浇水、整垄、打孔和定植（图 19-3）。

图 19-3　内置式反应堆操作

开沟完毕后，在沟内铺放秸秆（玉米秸、麦秸、稻草等）。一般底部铺放整秸秆（玉米秸、高粱秸、棉花秸杆等），上部放碎软秸秆（例如麦秸、稻草、玉米皮、杂草、树叶以及食用菌下脚料等）。铺完踏实后，厚度 25～30cm，沟两头露出 10cm 秸秆茬，以便进氧气。每沟用处理后的菌种 6kg，均匀撒在秸秆上，并用锨轻拍一遍，使菌种与秸秆均匀接触。将沟两边的土回填于秸秆上，覆土厚度 20～25cm，形成种植垄，并将垄面整平。在垄上用 $\Phi 12$（即直径为 12mm）钢筋（一般长 80～100cm，并在顶端焊接一个 T 型把）打三行孔，行距 25～30cm，孔距 20cm，孔深以穿透秸秆层为准，以利进氧气发酵，促进秸秆转化，等待定植。一般不浇大水，只浇小水，一棵一碗水。定植后高温期 3d、低温期 5～6d 浇一次透水。待能进地时抓紧打一遍孔，以后打孔要与前次错位，生长期内每月打孔 1～2 次。

（2）外置式反应堆操作

挖沟，铺设厚农膜，木棍、小水泥杆、竹坯或树枝做隔离层，砖、水泥砌垒通气道和交换机底座后使用（图 19-4）。低温季节建在棚内，高温季节建在棚外。每次秸秆用量 1000～1500kg、菌种 3～4kg、麦麸 60～80kg。越冬茬作物全生育期加秸秆 3～4 次，秋延迟和早春茬加秸秆 2～3 次。

（3）作用效果

内置式秸秆反应堆可提高日光温室内空气温度和土壤温度；外置式秸秆反应堆能有效改善日光温室内气体环境，提高秋延后生产中日光温室内白天 CO_2 浓度，提高作物光合潜能和产量。同样，内置酿热池也是生物质发酵产热在温室供暖中的重要途径，利用其发酵产生的热量可改善大棚中的环境条件。

2015 年陕西、内蒙古等地利用生物质发酵产热技术对温室大棚进行增温与补气，产量提高 50%，即占地面积 1.5 亩的大棚每年比同面积日光温室增收番

图 19-4　外置式反应堆操作

茄 700kg 以上。且几乎不产生成本消耗，同时可减少农业废弃物堆积造成的环境污染与土地资源浪费，将农业废弃物资源化循环利用，实现自然资源可持续发展。

西北农林科技大学李建明团队的大跨度非对称水控酿热温室试验效果显著，其研究结果表明以猪粪为调理剂进行的番茄秸秆堆肥，在调整 EC 值后可作为理想的栽培基质，且利用其发酵产生的热量可改善大棚中的环境条件。基于生物质发酵产热增温的大跨度非对称酿热温室冬季温度、土地利用率和实际种植效益均优于传统日光温室，适合在黄河中下游及淮河流域类似气候条件的地区推广应用。

三、案例剖析

1. 设计原理评价

温室生物能利用工程是利用微生物对农业废弃物中有机质的好氧降解产生热量与 CO_2，对温室进行增温补气的调控措施，在低温天气温室无法通风换气的封闭状态下，生物质发酵酿热技术可满足植物光合作用对 CO_2 的消耗，促进作物生长。同时，温室中作物通过光合作用产生的 O_2 可为好氧微生物提供充足的氧气条件，而作物收获后的残株可作为发酵物料，实现温室内生物质与气体的循环利用。早在 2000 年前，我国传统农业便使用温床即利用微生物通过生化反应所产生的生物热能为主要热源进行育苗，说明生物质发酵酿热在温室生产中具有较好的可行性。

2. 施工程序科学性评价

施工过程中，首先进行通气管布置，用于对堆体进行通风供氧并将产生的热量和 CO_2 引入温室。之后进行发酵酿热物铺设，先铺粒径较大的枯枝腐叶，再将畜禽粪便混合细碎残株倒入发酵池中，两种原料质量比约为 1∶1。此种铺设方式可防止物料堵塞通气管，避免堆体底部水分沉积和自压实作用而造成厌氧区域。虽然在工业好氧发酵系统中，物料一般采取均匀混合的方式。这是因为工业规模下的通风系统采用大功率风机，可将大量水分吹出，同时通气管内高速气流可防止气孔堵塞。但在农业生物质发酵酿热系统中，采取大功率通风设备不仅能耗巨大，过大通风量也会使堆体水分及热量散失过快，不利于堆体保温，从而造成发酵酿热减缓停滞。故本案例中的物料铺设方式在考虑低能耗成本以及绿色可持续发展等前提下更适合用于农业生产。最后，在低温天气到来前10天进行发酵启动，即将占原料总质量3%的EM菌剂与水混合均匀，喷施到原料中，调节含水率至60%，将发酵池表面覆盖塑料膜封严。好氧发酵中，原料需要达到一定湿度才能进行发酵，因此在发酵前控制物料水分在较低水平，则可抑制微生物活性，使发酵启动处于可控状态，尽量避免原料在不需要酿热加温时自行发酵降解。

3. 工程性能评价

根据已有工程实例表明，配备生物质发酵酿热技术的非对称单层保温大棚在典型雨雪天气下，室内夜间平均气温和地温分别为8.9℃和11.6℃。相比传统日光温室，该棚的日均气温可提高0.7～2.1℃，日均地温可提高0.5～2.2℃。在极端天气情况下（室外气温为-14.3℃），生物质发酵酿热技术可使非对称单层保温大棚夜间气温保持在5.3℃，比传统日光温室高0.8℃。在11月初添加8m³农业废弃物至酿热槽内，可使槽内温度于11月24日达35℃，并维持高温61d。可在12月及次年1月将17m跨的单层非对称保温大棚室内平均最低气温提高7.3℃，提高棚内CO_2浓度1500～2000mg/kg左右。

同时也有研究表明，增加生物质发酵酿热技术可将温室内CO_2浓度提高至原来的2.6倍，并显著促进黄瓜营养生长，显著提高黄瓜可溶性糖含量达109.38%，维生素C含量提高12.57%，硝酸盐含量显著下降40.65%，产量显著提高25.13%，同时可使黄瓜提早8d上市。

4. 工程经济评价

以17m跨的非对称单层保温大棚为例，室内面积为510m²；发酵材料中，秸秆、畜禽粪便、菇渣体积比为1∶2∶1，总用量12m³，畜禽粪便单价100元/m³，秸秆为温室栽培上茬作物残株，不计入费用，故发酵原料共计900元。发酵原料装填、清理、二次利用等需要人工成本费1200元，故每年发酵原料总成本2100元。由2016年配备生物发酵酿热技术的温室秋延后栽培结果可知，当年番茄产量为24.29kg/m²。据农业部监测数据显示，2016年番茄全年批发均价为3.11元/kg。据测算，应用生物质发酵酿热技术的17m跨非对称单层保温大棚一茬收入为38526.37元/亩，纯经济效益为36426.37元/亩，折合每1hm²大棚纯经济效益71.42万元，投入与产出效益比为1∶17。

四、总体建议及注意事项

生物质发酵反应堆的建造要依据温室类型，依据温室最大采暖热负荷下的散热量，科学设计发酵体量与物料配比，以满足温室热量需求与适宜的作物生长环境需要。为简化操作并降低物料自压实作用，发酵堆体高度尽量低于 2m。发酵初期产生的气体以 NH_3、H_2S 等易对植物产生毒害的气体居多，故发酵初期应将气体尽量释放至室外，或在通气管末端安装气体过滤装置。一般在通气管末端填装潮湿木屑或腐熟基质可起到良好过滤作用。水分是发酵酿热过程中的关键参数，堆体温度则是反应发酵酿热效果的重要指标，故有必要进行发酵物料理化性质的实时监测。当发酵物料温度过高时（>60℃）应及时进行人工翻堆，以防堆温过高使好氧微生物大量死亡影响酿热进程。当物料温度过低时应尽量减少通气频次，以保证微生物所需温度环境。当含水率低于 50%时，需进行水分补充，混合 EM 菌剂进行喷施。当含水率高于 65%时，应及时揭开发酵池表面塑料膜以促进发酵物料中水分散失。

五、案例总结

本案例涉及生物能、发酵酿热的知识内容。让学生了解掌握温室生物能利用技术的方式、原理为教学目标。温室生物能利用技术是一种利用微生物降解有机质并产生热量、CO_2 对温室内环境进行增温补气的调控措施。该技术主要由农业废弃物与微生物共同作用，可长效持久改善低温条件下温室内环境。极大降低加温成本，促进作物生长，实现温室有机体与气体的循环利用，达到节能高产的目标。

六、思考题

1. 简述温室生物能利用的原理。
2. 简述温室生物能利用的方式。
3. 简述温室生物能利用技术的发展前景及未来方向。

七、本案例课程思政教学点

教学内容	思政元素	育人成效
生物质能利用	环保意识、持续发展	温室循环利用农业废物，既改善了农村生活环境条件，又可以有效提高温室温度，同时为实现乡村振兴的产业振兴与环境优美目标作贡献。教育、引导学生在农业发展中注重环保意识，走可持续发展道路

八、参考文献

[1] 张鑫．非对称水控酿热大棚性能研究［D］．杨凌：西北农林科技大学，2016.

[2] 孔政．农业废弃物发酵对温室环境影响的研究［D］．杨凌：西北农林科技大学，2016.

[3] 张正雨，刘兆勇，德海．太阳能生物能综合利用温室［J］．可再生能源，1989（01）：22-23.

[4] 王继涛．不同秸秆生物反应堆应用方式对日光温室环境及番茄生长发育的影响［D］．西北农林科技大学，2017.
[5] 全国农业技术推广服务中心组编．设施蔬菜生物秸秆反应堆技术［M］．北京：中国农业出版社，2016.
[6] 李季，彭生平．堆肥工程实用手册［M］．2版．北京：化学工业出版社，2011.
[7] 曾光明，等．堆肥环境生物与控制［M］．北京：科学出版社，2006.
[8] 唐景春．生物质废弃物堆肥过程与调控［M］．北京：中国环境出版社，2010.
[9] （美）迪亚兹，（意）贝托尔迪，（德）比德林麦尔．堆肥科学与技术［M］．鞠美庭，刘金鹏，赵晶晶，译．北京：化学工业出版社，2013.

农业废弃物利用案例

主讲人：李建明

单位：西北农林科技大学园艺学院

案例二十

温室大棚运行维护案例

随着社会文明的不断发展，科技水平和社会需求也在不断提高。温室大棚的机械化、自动化、电气化水平不断提升，为提高劳动效率、实现农业现代化发挥了重要作用。但由于投资资金限制、技术成熟限制、设备使用不当、相关专业人士不足以及后期维护不到位等问题，致使我国大部分地区温室大棚伴随使用年限增加，在结构上相继出现了玻璃封条老化、塑料薄膜破损、骨架歪曲等问题，在系统上表现出了加温系统供暖不足、作物无法越冬、灌溉系统水损失严重、电力系统电路老化短路等问题，进而反映在温室作物上使农作物收成不稳、农产品品质差以及病虫害频发。针对温室大棚目前发现的主要问题，编者提出了一系列合理的解决办法，分别从保温处理、系统管理、常见易损伤设备以及施工操作注意事项等做了细致描述，以提高温室大棚的使用寿命，节约成本。

一、背景

陕西省杨凌示范区西北农林科技大学南校区科研温室位于我国西北地区，气候表现为四季分明，冬季寒冷干燥、昼夜温差大，对温室大棚保温性能要求高。但实践应用中发现大部分大棚抵御自然风险能力较差，在寒流阴雨天等极端天气情况下作物受损严重，玻璃覆盖密封设置不科学，保暖措施实施不到位，棉被卷帘机等保暖设备损坏严重；应用智能灌溉系统过程中，易出现智能输水管道发生堵塞破裂、灌溉频率和时长设置不合理、设备使用寿命过短等问题；温室大棚中的电路系统安装设置不合理，室内湿度过高，接地设置不合理出现短路烧坏电器，零线、相线、接地线颜色不进行区分难以维修等问题。

二、案例

（一）温室大棚保温问题

应对寒冷天气，棚室管理方面，应在冷空气来临之前尽量多采果。采取多层保温措施，如棉被上再覆盖一层旧棚膜，温室内吊绳铁丝顶部临时加一层薄膜，可避风、提温。还可采取一些增温措施，如电热设施和火炉等。在遇到连续阴天时切不可不揭棉被，可以通过在温室北墙挂反光幕来增温补光。连阴天气除不灌溉外，也不可去枝去叶、摘花去须等。冬季夜间放下棉被后，可短时进行放风。不可进行全地面覆盖地膜，更不可用黑色地膜全覆盖地表；棉被管理方面，揭放棉被通常是看太阳的情况来进行，而更科学的是根据温度进行。若白天下雨雪，应提前用塑料布将棉被盖严，严防雨雪浸湿棉被。在冬春季节棉被易被风吹起，解决方法是将棉被与棉被之间重叠 2～6cm，不可重叠过多，用粗线大码缝好，温室东西两头及中部用绳系重物压好；在卷帘机管理方面，在雨雪天气应注意在主机及电机上盖好防雨膜；在卷（放）帘的过程中，传动轴和主机上、传动轴下的温室面上以及支承架下严禁有人，以防意外事故发生；切忌接通电源后人离开。

（二）灌溉系统故障

针对灌溉系统常见的水压差、计时、异响等问题，在田间作业时，要注意防止划伤、戳破多孔管和 PE 薄壁塑料软管等输配水管道；灌水作业中，始终注意保持滴灌带和喷水带的工作压力合理，防止管道破裂。需要保证水温和灌溉频率。遵循“浅浇勤灌，一次浇水量要少、灌水次数要多”的微灌灌水原则即“少量多次”。控制灌水时间，以晴天灌水为最佳。在灌溉前，要定期检查首部枢纽及供水管道等设备的维护和保养，发现问题要及时采取措施予以解决，防止事态扩大，同时做好微灌设备的防损、防冻、防老化和防盗工作。在管道使用前应逐条进行检查，管道和管件应齐全、清洁、完好；管道搬移前，应放掉管内积水；喷水带应待带中余水排完、地面积水渗入土壤后再开始移动；搬移时，严禁拖拉、滚动和抛掷，多孔管和 PE 薄壁塑料输配水软管应卷成盘搬移。灌溉结束后，做好清洁工作防止堵塞。定期逐一放开主管、滴灌带或喷水带的尾部，冲洗管内泥沙等杂质。滤网刷洗干净并对损坏的滤网予以及时修补或更换。定期检查灌溉水的水质情况、清除拦污网和过滤网箱表面的污物、清除蓄水池中的淤泥和沙石等杂质。

在温室大棚电气系统施工安装方面，存在的电机支座及驱动边与桁架间空隙的问题，可以通过去掉电机支座的折弯，增加钢板的厚度提高电机支座本身的强度来实现。同时为了避免驱动边与桁架间缝隙导致的热量散失，还可在驱动边的槽里增加胶条来填补空隙。

① 温室大棚中，常常会出现开关插座面板盒与温室立柱之间连接不牢固，并伴有胶漆污染物；照明开关面板操作方向不一致，接线盒中接线混乱无序，断零线不断相线；温室内选用了无法应对温室内的环境的普通型开关插座；插座中的零线、相线、保护线接线不正确，未敷设保护线等问题。

解决对策：安装开关插座面板，所有开关方向应保持一致，插板保证横平竖直、高度统一，安装面板时要紧贴立柱不留缝隙；在开关中要切断相线，不应切断零线；温室内应安装密闭开关、密闭插座。

② 电气系统中，温室大棚中管内穿线末端容易开裂，电线管中穿入了两个不同的回路；零线、相线、接地导线未能选择规范化的颜色，无法辨认导线性质。

解决措施：在进行管内穿线时，穿管需增加塑料内护口；严禁在同一电线管内穿入不同电压、不同回路的导线。

③ 敷设管线，通常未能对金属线槽及金属电线管进行正确的跨接接地处理，忽略了金属线槽及金属管的材质；电线管敷设位置随意，并未按照设计沿桁架立柱敷设；穿线管的弯曲时常出现拐死弯现象；电线管穿入进线盒之间并未紧扣，且并未密封；室外电缆未按照规范埋地或架空敷设。

解决对策：金属线槽、金属电线管应做好跨接接地；电线管敷设应横平竖直，沿桁架、立柱的隐蔽处敷设；合理利用接线盒、软接头，避免穿线管转死弯；施工过程中要注意细节；室外电缆应按照规范埋地敷设或架空敷设。

三、案例剖析

（一）科学性评价

传统温室大棚利用后墙、土壤储存的热量保温，前屋面成了主要散热带。夜间以及雨雪天气，温度降低，加上有风的影响，所以在夜间加盖温室大棚保温被，能够有效地减少热量损失。棉被上覆盖一层旧棚膜可以防止雨雪淋湿棉被，棉被淋湿会降低棉被使用年限，棉被吸水后质量增加，会给温室骨架造成额外负担引起温室骨架变形。但棉被保温效果有限，遇到极端天气需要火炉等辅助加温设备。全地面覆盖地膜会阻止土壤中贮存的热量散发，冬季不可使用黑色地膜，这是因为在相同的光照条件下，黑色膜下的地温较白膜下的地温低，会影响作物根系的生长发育。温室湿度大，因此寒冷季节需要放风掀棉被，不仅降低棚内湿度，还会补充棚内CO_2，提高作物光合作用能力。卷帘机主要由三相电动机、减速器、传动管轴、传动轴、护绳盘、卷帘辊、卷（放）帘绳、轴承座架以及电器箱等部分组成。雨雪天气主机以及电机易被淋湿造成短路，电机易生锈损坏。温室的湿度较大，容易发生漏电。因此作业完毕须用断电闸刀将电源切断。

若水管的维护不当，滴头或者出水口清洁不彻底，当这些垃圾堵在滴头或者出水口上时，不但会造成水压降低，还会影响喷灌效果。滴灌带和喷水带工作压力不稳，水压过大会导致水管破裂，影响使用年限。智能灌溉系统主要利用控制器来设置自动灌溉时间，但一旦这些组件出现问题，植物就无法获得正常生长所需要的水分，因此电池、控制器、计算机等各个设备都需要进行定期维护和修理。要仔细检查各个零件的工作状态是否正常，是否出现故障。由于冬季温室灌水之后地表温度一般会下降2～3℃，但灌水之后遇到阴天，地面温度就会下降5～8℃，甚至会下降得更多，春冬茬的作物对水温的要求较高，一般选用 20～30℃的温水为佳。因此水温过低不利于作物生产，需要对温室水温进行调控。少量多次的灌溉方式可以满足不同生育期作物需水情况，同时节约水源。

为了增加内、外遮阳和内保温电机支座的抗弯强度，应在设计中增加折弯，提高电机支座的抗弯性能。但是在实际施工中，折弯使驱动边与桁架间的空隙增大，导致冬季温室内热量散失，从而增加了温室的能耗。因此要从增加钢板的厚度提高电机支座本身的强度方面着手。温室大棚的密闭开关、密闭插座（也指铁壳开关），是一种大功率用电器的启动装置，有保护和分断的作用。零线、相线、接地导线颜色区分不明显不方便维修。电缆线路敷设技术要求需要明确线路走向并且根据配电要求和设计图纸确定走向；埋设深度一般在地下 0.7m 深处；沟底必须平整，设置标志；电缆穿越路面时需要穿套管保护；铠装和铅包电缆的金属外皮两端必须接地。

（二）工程经济评价

已有研究证明，保温被的合理放盖可以给温室大棚平均增温 1～2℃，理论上新型纤维保温被，使用寿命在 15～20 年之间；腈纶大棚保温被、混凝土保温被，使用寿命 3～5 年；针刺毡保温被、棉毡保温被使用寿命 2～3 年。但由于操作不当，保温被破坏严重，实际使用年限远远不够。灌溉自动化控制系统与微灌相结合，果实质量明显提高。相对普通灌溉节水 30%，增产 20%，具有较好的经济效益。灌溉系统应对温室大棚出现问题时要以“维护为主，更替为辅”。应用以上维护技术不仅大大降低了温室成本消耗，而且对温室设备的设置和维护有了明确的指示建议，指出了日常操作中容易忽视的问题，并提出了规范操作方法。经过实践验证，可以解决温室中常见的问题。

四、案例总结

本案例知识点涉及温室加温、通风、基本设备维护、灌溉系统及其电气系统，通过案例学习，使学生了解掌握温室常遇到的问题以及温室设备正确应用方式为教学目标。温室结构及其环境调控系统、供电供水系统是当前温室环境调控的主要设施。如同一台运转的机器或者房屋，使用一段时间后必然会产生运行障碍，实时检测与维护是保障温室大棚安全运行与长远运行的必然措施。该案例主要阐述了连栋温室和日光温室加温、通风、电气及其灌溉系统常见的问题与处理方法。

五、思考题

1. 日光温室前屋面兜水问题产生的原因及解决的方法是什么？
2. 连栋温室湿帘如何保养维护？

六、本案例课程思政教学点

教学内容	思政元素	育人成效
温室大棚运行维护	科技发展、国家兴旺	随着科技与文明的不断发展，温室大棚的机械化、自动化、电气化、智能化水平不断提升，为提高劳动效率、实现农业现代化发挥了重要作用，教育、引导努力创新，只有掌握核心科技才能提高竞争力

温室控制系统案例

主讲人：李建明

单位：西北农林科技大学园艺学院

案例二十一

温室蔬菜灰霉病的诊断与防治

灰霉病是一种由灰葡萄孢菌引起的通过空气传播的死体营养型真菌病害，为多循环侵染病害，具有发病时间早、发生普遍、持续时间长、蔓延速度快、流行区域广、危害程度重的特点。若对灰霉病诊断不及时、预防不到位、用药不合理、药械落后等，会造成防治效果不高，形成大量烂果，严重影响蔬菜作物的产量和品质。灰霉病初期症状较难辨认，容易引起错误的诊断而延误防治，造成较大的经济损失。进一步提高灰霉病的诊断与防控水平，提高防治效果，对设施蔬菜的生产和菜农增收具有重要意义。

一、案例

1. 灰霉病的生物学特性及流行条件

灰霉病的病原菌为灰葡萄孢菌（*Botrytis cinerea* Pers.），其孢子梗丛生，具隔膜，淡褐色，呈直立细长状。分生孢子为单胞、近无色，形状呈椭圆形至卵形，葡萄串状依附于菌丝体上。在恶劣的环境条件下病原菌会产生黑色片状菌核。病菌在PDA培养基上生长速度快，菌落从点向四周辐射生长，菌丝由稀疏到稠密，表面生绒毛，灰白色（图21-1）。

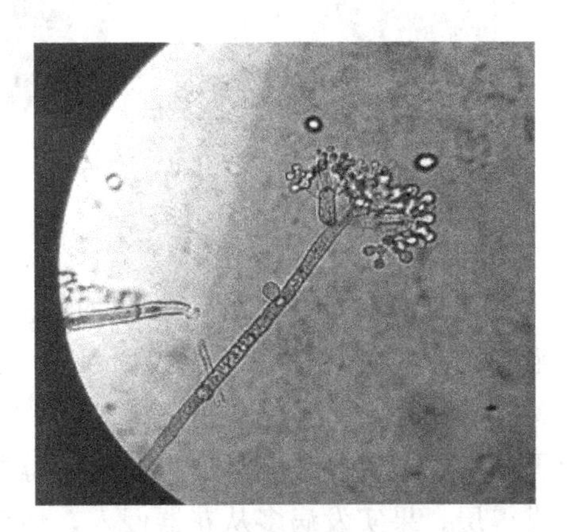

图21-1　灰霉病病原菌形态

主要传播途径是分生孢子随着雨水和气流等外界力量进行传播，在适宜的温湿度条件下分生孢子萌发产生芽管，侵入带有伤口的寄主植物。菌核越冬后萌发产生的分生孢子通过雨水和气流传播，产生芽管侵入寄主，为初次侵染；发病部位在潮湿的环境条件下产生分生孢子，进行再次侵染。

2. 灰霉病的发病条件

环境是影响番茄灰霉病发病的一个重要影响因素，低温高湿是灰霉病发生的必要条件。温度达20～25℃，相对湿度达90%以上时，是最适宜发生该病的环境条件。适宜灰霉病菌生长的温度范围为20～25℃，最高活菌温度为31℃，最低活菌温度为2℃；相对湿度80%是灰霉病病菌侵染的初始条件，湿度达到85%以上时侵染开始加重，植株叶片形成危害性的软腐病斑；有研究表明紫光和蓝光能够抑制灰霉病菌丝的生长，紫光和红光能够抑制灰霉病在番茄叶片上的发展。

灰霉病菌喜低温、高湿和弱光条件。设施中如遇到连阴多雨、灌水过勤过量、光照不足、湿度过大的情况，灰霉病病害发生的概率会大大增加。此外，温室中植株种植密度过大、生长过旺、放风不及时等管理措施不善均有利于病害的发生。

3. 灰霉病的症状识别

(1) 黄瓜

黄瓜子叶染病后，开始退绿发黄，逐渐变褐坏死，表面生有灰霉。真叶病斑呈“V”字形，有轮纹，后期产生灰霉。茎主要在节上发病，病部表面灰白色，密生灰霉，当病斑绕茎一圈后，其上部萎蔫，整株死亡。雌花及幼瓜发病时呈水浸状腐烂，表面密生灰色至淡褐色霉层（图21-2、图21-3）。

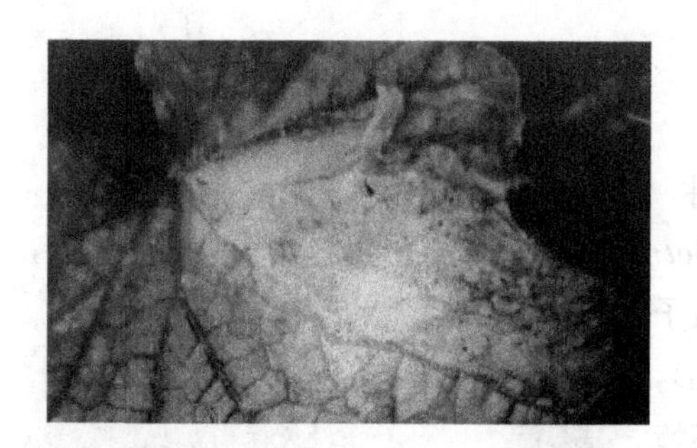

图21-2　黄瓜叶片“V”形病斑

图21-3　黄瓜灰霉病病瓜

(2) 番茄

番茄苗期子叶、真叶、幼茎均能发病，引起茎、叶腐烂，病部灰褐色，表面密生灰霉。成株期发生灰霉病，叶、枝、果都受害，但以果实发病为主，受害最重。叶片发病由叶缘向里呈“V”字形病斑扩展，病斑水浸状，后呈黄褐色，病叶干枯后在湿度较大时可产生灰褐色霉层。茎、枝发病后，易从病斑处折断，也可形成霉层。果实发病多从花器侵入，病变果初呈灰白色水浸状软腐，病斑很快扩展为不规则形大斑，后期病斑上易产生致密灰褐色霉层，果实失水僵化（图21-4～图21-7）。

图 21-4　病斑不呈“V”的带有轮纹状浅褐色病斑的番茄叶片

图 21-5　番茄叶片“V”形病斑

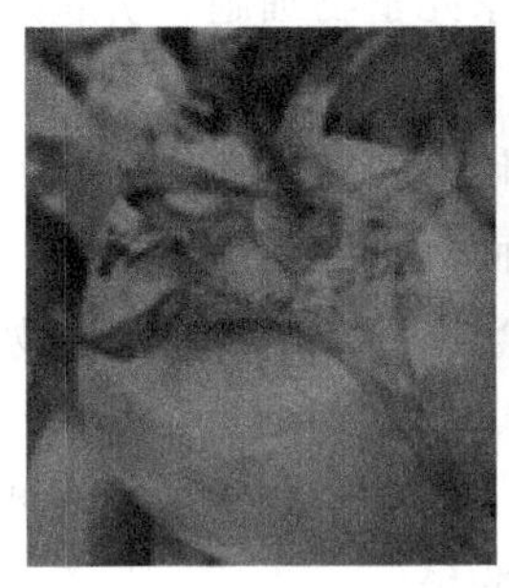

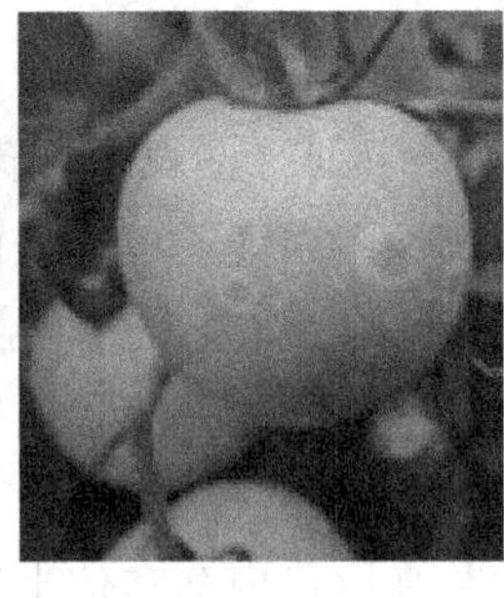

图 21-6　硬果番茄“鬼脸斑”

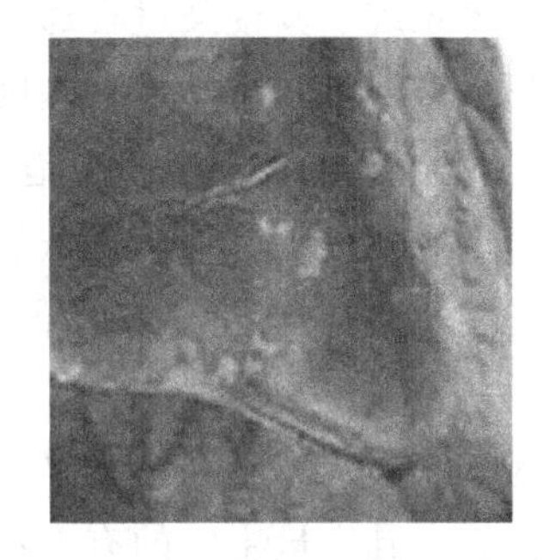

图 21-7　黄瓜灰霉病特殊形式

（3）辣椒

辣椒幼苗染病，子叶先端变黄，后扩大到嫩茎，茎缢缩变细，由病部折断而枯死。叶部染病，初期部分叶片腐烂，后期全叶腐烂；茎上初期呈现水浸状不规则病斑，后变灰白色和褐色，病斑扩展绕茎一周。病斑以上枝叶全部枯死，湿度大时，病部产生灰白色霉状物。枝上染病，呈褐色或灰白色，由发病处蔓延至分叉处。幼果以门椒、对椒发病为多，在幼果顶部及蒂部出现褐色水浸状病斑，后凹陷腐烂，呈暗褐色，表面出现灰色霉层（图 21-8）。

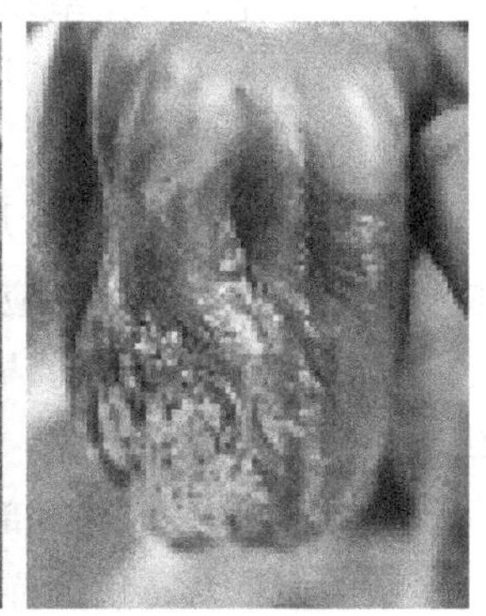

图 21-8　辣椒灰霉病叶片和果实灰霉病症状

（4）草莓

草莓叶片感染灰霉病，病菌先从叶片边缘侵染，呈小型的“V”形病斑，然后逐渐向叶片深处扩展，形成轮纹状的大型“V”形病斑，有浅灰色霉层。感染花瓣病菌从开花的雌花花瓣侵入，初期花柄先发病呈现褐色，同时感染花萼，侵染花瓣致使腐烂，果蒂顶端开始发病，花絮花药变黑。果蒂感病向内扩展，致使感病幼莓呈灰白色软腐。感病后期，叶柄、叶片、果实均干枯、褐变、腐烂，长出大量灰色霉菌层。

4. 灰霉病的侵染过程

灰霉病菌属于腐生型菌，在病原菌与寄主共同演化过程中，灰霉病菌进化出复杂的侵染系统。其侵染过程通常可分为侵入寄主表皮、杀死植物细胞、引起组织腐烂和形成孢子等阶段，多种基因协同调控侵染过程。

① 侵入寄主表皮　分生孢子首先识别寄主表面的疏水基团或糖基，进而在寄主表面产生菌丝体，菌丝体依靠膜相关蛋白穿透植物表面。

② 杀死植物细胞　灰霉病菌在侵染植物表皮后，会破坏植物细胞，植物细胞死亡后，侵入寄主组织中。

③ 产生毒素　灰霉病菌在侵入植物表皮的过程中，会产生有毒性的代谢物质危害植物。其中最主要的有毒物质是高取代内酯和倍半萜烯。

④ 诱导细胞程序性死亡　H_2O_2 在侵染部位大量积累，诱导病原菌侵染部位的组织发生细胞程序性死亡，从而切断营养型病原菌的营养供给。

⑤ 分解寄主细胞　灰霉病菌可以分泌多种细胞壁酶，穿透植物细胞壁，分解植物细胞，将植物细胞分解后的物质用于自身增殖。灰霉病菌分泌的草酸等物质为细胞壁酶创造了适宜的酸碱条件。

5. 诊断要点

（1）诊断灰霉病症

① 主要看“V”形病斑，但是在生产实际中，有些感病叶片虽然是从叶缘开始发病，但是并不是呈现“V”形斑，而是呈现轮纹状大型不规则的病斑，外轮为紫色，中心为浅褐色，看似叶枯病，细致观察会发现，叶缘长出稀疏灰色霉状物，应判断为灰霉病。

② 病斑从叶缘开始大片呈褐色不规则蔓延状，随着病斑的扩大而长出霉状物。应该诊断为灰霉病，并应及时按灰霉病救治。

③ 发病部位的霉层早期是白色，晚期呈现灰色霉层，且霉层长在已腐烂的组织上。

④ 灰霉病大多从下部老叶开始发生，病株往往自下而上枯死。

（2）疑似灰霉病的症状

① 病斑圆形，接近叶缘处发生，深褐色，有轮纹，如图 21-9 所示，只是病斑

颜色与灰霉病不同。早疫病的发病适宜环境是强光、高湿，常在温度略高情况下发生，因此应诊断为早疫病。灰霉病是弱光、低温、高湿条件下发生，与早疫病有所区别。

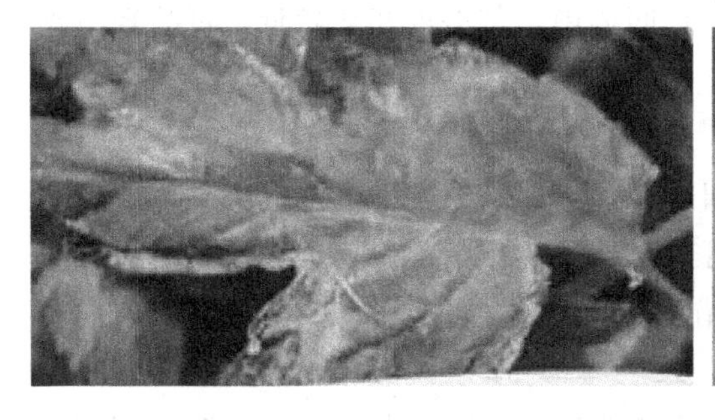
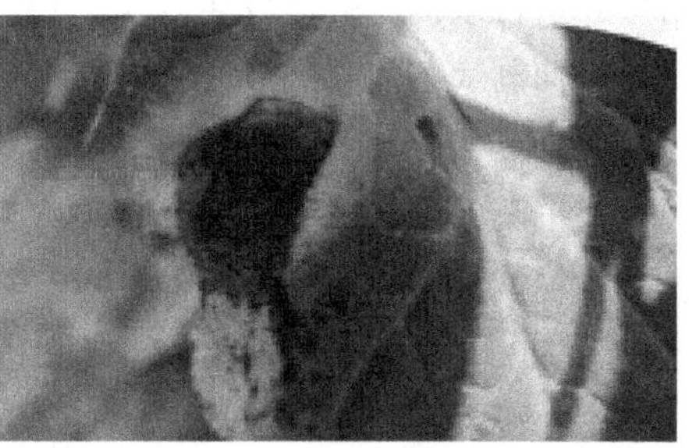

图 21-9　番茄早疫病症状

② 叶片从接近叶缘处开始发病，似“V”形褐色病斑，如图 21-10 所示，但果实没有软腐性腐烂和霉菌，且叶柄处有黑褐色坏死，应为晚疫病造成的枯死病斑。

图 21-10　番茄晚疫病症状

③ 感病叶片病斑也从叶缘开始发生，但病斑晕圈粗重，颜色为深紫色，病斑中心呈星点状，面积较小，黄褐色，且没有霉状物出现，可判断是叶枯病。

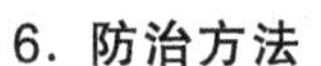

6. 防治方法

(1) 生态环境控制

运用生态学原理，通过调节棚室内温湿度，创造一个不利于病菌繁衍侵染的条件，可以有效地控制灰霉病的发生。灰霉病在气温超过 30℃，相对湿度不足 70%时，停止蔓延。相对湿度不足 75%时基本不发生或零星发生，不会造成大的危害。

(2) 降低湿度

采用膜下滴灌和全地膜覆盖技术，减少土壤水分的蒸发；浇水遵循“三浇、三不浇和三控”的原则，即晴天浇，阴、雨、雪天不浇；上午浇，下午不浇；浇暗水，不浇明水；苗期控制浇水，连阴天控制浇水，低温天控制浇水；三是适时通风排湿，尤其是浇完水后及时通风排湿，使设施内空气湿度控制在 70%以下抑制灰霉病的发生。

(3) 提高温度

晴天白天设施内的温度控制在 25～28℃，空气相对湿度低于 70%（保证植物合适的生长发育环境）在晴天上午日出后揭开保温被，使棚室温度迅速上升到30～

33℃，开始缓慢通风，控制棚温度不超过35℃，湿度降到75%以下，通过利用高温和低湿双重因素来抑制病菌的萌发和侵染，午后加大通风降温排湿，使温度降至20～25℃，湿度降到70%以下，虽然温度适宜灰霉病菌的萌发和侵染，但可以利用低湿条件来抑制病菌发生发展；控制夜间棚内空气湿度相对较低，可减轻结露，有利于抑制病菌传播。

（4）延长光照

上午早揭保温覆盖材料，可在太阳升起后0.5小时揭开；下午延迟覆盖保温材料，尽可能延长作物光照时间；冬天可以通过补光灯补光来延长光照时间。夜间室温低于10℃时，温室内采取适宜加温措施。

（5）改变光质

有研究表明紫光和蓝光能够抑制灰霉病菌丝的生长，紫光和红光能够抑制灰霉病在番茄叶片上的发展。冬季或阴雨天光照不足时可以通过不同光质的补光灯或夏季通过覆盖不同颜色的遮阳网进行灰霉病的防治。

（6）物理防控

① 优化棚面结构　使用防雾滴棚膜，减少棚膜积水；改良固定钢梁所用的铅丝或横杆位置，使其与棚膜间保持距离，使膜上水滴自然流至温室最前坡底，有条件的前坡基部建引流槽。

② 消灭病原菌　整地前清除上茬残枝败叶，减少菌源。在定植前密闭温室，进行高温闷棚，使温度达到60℃持续一周，利用高温杀灭残留菌源；病害的初期症状不明显，不容易被发现。定植后每天要仔细检查植株，及时发现叶片、茎秆和果实等发病症状，对灰霉病做到早预防、早发现、早防治；规范植株田间管理操作，选择晴天上午进行整枝打叉，高温低湿有利于伤口快速愈合，减少机械损伤及虫害形成的伤口；及时摘除含有病斑的花瓣、柱头、病果、病叶，蘸花后摘除幼果残留的花瓣和柱头，集中销毁，减少扩散；灰霉病发病期间，不能喷施糖类、氮肥，二者会刺激病菌孢子萌发，会大幅加重灰霉病的发生程度。

通过灰霉病的典型症状和非典型症状的及时诊断，疑似灰霉病症状的排除（早疫病、晚疫病和叶枯病），采取合理的防控措施。在适当范围内可以控制相关的环境因素，从而创造出一种可以提高植株对灰霉病的抗性，而又不有利于灰霉病菌感染的环境，达到可以减少农药的使用量、降低生产成本、防治灰霉病的目的。

二、案例剖析

1. 原理评价

低温高湿是灰霉病发生的必要条件。高湿有利于病菌的扩展和发病，缩短病害的潜育期；灰霉菌孢子萌发对光照选择性不强，菌丝生长和产孢数量与光照密切有关。光周期10h/d和12h/d的紫光处理的抑菌效果更好。通过调控设施内高温、低湿及不同光质，创造一个不利于病菌繁衍侵染的条件，可以有效控制灰霉病的发生。

2. 灰霉病诊断科学性评价

在番茄、黄瓜、辣椒等灰霉病诊断过程中，首先病害的初期症状不明显，不容易被发现。定植后需每天仔细检查植株，及时发现叶片、茎秆和果实等发病症状，对灰霉病做到早预防、早发现、早防治。在识别灰霉病的过程中，“V”形病斑和灰色霉层等典型症状比较好识别，但在实际生产中，经常会有不能识别非典型症状的情况，比如病斑不呈“V”的带有轮纹状浅褐色病斑的叶片（图21-4）、硬果型番茄青果期的“鬼脸斑”症状（图21-6）和灰霉病的一种特殊表现形式：多点迅速发病，染病组织水分蒸发，形成白斑（图21-7）等，防治措施不及时使病害发生蔓延，从而使产量减少、品质降低而造成很大的损失。此外，还有疑似灰霉病的症状，如早疫病、晚疫病和叶枯病等的部分症状（图21-9、图21-10），需要仔细辨认加以区分，正确及时地防治，使损失降到最低。

3. 灰霉病防治性能评价

目前对于灰霉菌的防治方法主要有化学防治、生物防治和农业防治等。化学防治在生产上见效最快，但灰霉菌在短时间内会对药物产生抗性，在另一方面农药残留影响较大；生物防治对环境污染少，无残留，更有利于生态平衡，但在实际生产中需要考虑的环境条件、生产成本和监管措施等都成为生防药剂商品化的限制因素。如今，高品质、无污染的无公害蔬菜正日益受到大众的青睐，而化学防治和生物防治都有一定的缺陷，通过湿度、温度、光照等环境控制可以减少农药的使用量、降低生产成本，因此通过对温室内环境因素的调控来达到防治病害的目的将成为未来温室生产的发展方向。

4. 灰霉病损失经济评价

灰霉病是低温高湿型病害，多发生在冬、春季节，此时正是设施蔬菜上市或栽培管理的关键阶段。据调查，一般年份由灰霉病造成的设施栽培番茄的产量损失可达20%左右，严重的可减产40%～50%，甚至造成绝收。据调查，2020年11月份草莓的平均价格为25元/斤（亩产2000～3000斤，1斤＝500g），西红柿为3.5元/斤（亩产12000～13000斤），黄瓜为4元/斤（亩产12000～13000斤），若由灰霉病造成的产量损失为20%～50%，则一亩地的草莓、西红柿和黄瓜将会分别减少收入1000～37500元、8400～22750元和9600～26000元，因此对灰霉病做到早预防、早发现、早防治很有必要。

三、总体建议及注意事项

灰霉病的诊断与防治首先应根据不同蔬菜作物的种类区分，如最常见的灰葡萄孢引起的普通灰霉菌，可危害的蔬菜有番茄、黄瓜、茄子、辣椒、白菜等，韭菜、大葱、洋葱等百合科蔬菜；以及由葡萄孢引起的其他灰霉病，如蚕豆赤色斑点病的蚕豆葡萄孢和苦苣菜葡萄孢等。其次由于灰霉病初期症状不明显，应及时观察，并在满足蔬菜作物适宜生长发育的条件下调控温湿度，抑制病菌的发生和发展。在识别灰霉病的症状时，应注意识别非典型症状，并区分疑似灰霉病症状的其他病害，合理调控环境条件达到防控灰霉病的目的。

四、案例总结

本案例知识点主要涉及蔬菜灰霉病症状识别及防治方法，使学生了解掌握设施蔬菜灰霉病的诊断和防治为教学目标。灰霉病是设施栽培常年发生的一种病害，一般可减产10%～20%，减产严重的可达70%以上。本案例就灰霉病典型症状、非典型症状及疑似灰霉病症状诊断，灰霉病侵染过程及防治技术等作以概述，提出了生态环境控制、物理防控对蔬菜作物灰霉病防治方法，达到可以减少农药的使用量、降低生产成本、防治灰霉病的目的。

五、思考题

1. 灰霉病的症状有哪些？
2. 疑似灰霉病症状的病害有哪些？应如何区分？
3. 灰霉病的防治方法有哪些？

六、本案例课程思政教学点

教学内容	思政元素	育人成效
蔬菜灰霉病	爱护环境、持续发展	引导学生以生态理念发展农业。绿水青山，就是金山银山。温室作物生产中，坚持科学诊断、生态防治，是病害控制的重要途径

七、参考文献

[1] 马青，王阳，冯禅婧．以生态调控为主的设施番茄灰霉病防治［J］．西北园艺，2016（2）：40-41.

[2] 杜晓峰，王璐，王晓梅．黄瓜灰霉病生防菌株的筛选与鉴定［J］．吉林农业大学学报，2019，41（2）：154-160.

[3] 陈俊达．植物免疫反应研究进展概述［J］．中国林业产业，2017（1）：177-178.

[4] 高学文，陈孝仁．农业植物病理学［M］.5版．北京：中国农业出版社，2018.

[5] 李明远．巧治蔬菜灰霉病：灰霉病的发生与防治［M］．北京：气象出版社，1998.

[6] 王洪久．蔬菜病虫害原色图谱［M］．济南：山东科学技术出版社，1994.

[7] 孙茜，潘阳．番茄疑难杂症图片对照诊断与处方 [M]. 北京：中国农业出版社，2016.
[8] 邱正明，李宝聚．高山蔬菜病虫害绿色防控技术 [M]. 武汉：湖北科学技术出版社，2015.
[9] 王凌宇，廖晓兰，张亚．草莓灰霉病的防治研究进展 [J]. 湖北农业科学，2015：142-144.
[10] 刘兴军．38%吡唑醚菌酯啶酰菌胺水分散粒剂防治黄瓜灰霉病田间药效试验 [J]. 农业开发与装备，2016 (5)：67.

灰霉病病原菌形态图

黄瓜叶片“V”形病斑图

黄瓜灰霉病病瓜图

病斑不呈“V”的带有轮纹状浅褐色病斑的叶片图

番茄叶片“V”形病斑图

硬果番茄“鬼脸斑”图

黄瓜灰霉病特殊形式图

辣椒灰霉病叶片和果实灰霉病症状图

番茄早疫病症状图

番茄晚疫病症状图

温室番茄灰霉病的诊断与防治案例视频
主讲人：李甜竹
单位：西北农林科技大学园艺学院